双書⑥・大数学者の数学

# ゲーデル
# 不完全性発見への道

北田　均

現代数学社

Kurt Gödel (1906 ~ 1978)

# まえがき

　本書は現代数学社の『理系への数学』に連載されたものに若干の手を加えたものである．執筆の動機は現代数学社の富田栄社長のご依頼によるものであるが，古くから自身としてゲーデルの不完全性定理の証明に関し興味があり学生の頃から親しんできたことからこの機会に自身の考えをまとめてみたいと思ったところにある．

　ゲーデルの不完全性定理に関してはその時代に提出されたヒルベルトのプログラムに対する否定的結果と考えられていた経緯があるため，その定理に関する議論を行う際は再帰的に枚挙可能な命題の構成法のみが考察される．しかし不完全性定理の前にやはりゲーデルによって証明された一階述語論理に関する完全性定理を論ずる際はゲーデル自身ある種の選択公理を用いている．数学の基礎を論ずる場合対象理論に関する議論においてどの程度まで「数学」を仮定して基礎を論ずるかは常に問題になるが超数学ないし証明論を数学と見なす立場からゲーデルの不完全性定理を考察すると現代数学の基礎とされる集合論自体にゲーデルの論法を適用することになる．本書ではヒルベルトの提唱した形式主義を概観したのち命題論理，述語論理の無矛盾性と完全性および通常のゲーデルの不完全性定理の証明を述べる．その後このような立場から不完全性定理を考察しゲーデルの証明に潜む暗黙の仮定に迫る．

筆者の考えをまとめる機会を与えて頂いた現代数学社の故富田栄前社長および富田淳現社長にこの場をお借りし感謝の意を表する．

　表紙のゲーデルの写真は竹内外史先生のご厚意によりお持ちのものよりイメージをとらせて頂いた．使用をご快諾くださったことに深謝申し上げる．

2011 年 4 月 東京にて<br>
北 田　均

# 目次

まえがき

## 第1章 不完全性定理とは何か　　1
1.1 不完全性定理 ................................. 2
1.2 不完全性定理の証明のあらすじ ................... 4
1.3 自己言及命題 ................................. 7
1.4 再帰性 ....................................... 9
1.5 数学基礎論 ................................... 11

## 第2章 形式的自然数論　　13
2.1 形式主義 ..................................... 14
2.2 原始記号，項，式 ............................. 19
2.3 公理，推論規則 ............................... 22
2.4 証明，定理，演繹可能 ......................... 26

## 第3章 命題計算の無矛盾性　　29
3.1 命題論理の形式的体系 ......................... 29
3.2 真理値 ....................................... 32
3.3 命題論理の定理の真理値 ....................... 34
3.4 モデル ....................................... 36

## 第4章 命題計算の完全性　　43
4.1 拡張された命題論理 – 発見法的考察 ............ 44

## 4.2 命題論理の完全性 ........................... 47
## 4.3 モデルと完全性 ............................. 53

# 第 5 章 述語計算の無矛盾性 57
## 5.1 述語論理の形式的体系 ........................ 57
## 5.2 述語論理の命題式の真理値 .................... 62
## 5.3 述語論理の無矛盾性 ......................... 66

# 第 6 章 述語計算の完全性 71
## 6.1 無限集合を対象領域とする場合 ................ 71
## 6.2 述語論理の完全性 ........................... 75
## 6.3 Löwenheim の定理 ........................... 83
## 6.4 拡張された述語論理 ......................... 84

# 第 7 章 ゲーデル ナンバリング 89
## 7.1 自己言及と代入操作 ......................... 92
## 7.2 ゲーデル ナンバリング ...................... 95
## 7.3 不完全性定理 ............................... 98

# 第 8 章 証明の再帰性 103
## 8.1 再帰的関数 ................................. 105
## 8.2 再帰的関係 ................................. 110

# 第 9 章 証明の数値的表現 115
## 9.1 項,式であることの数値的表現 ................ 116
## 9.2 命題論理の公理であることの数値的表現 ........ 121
## 9.3 述語論理の公理であることの数値的表現 ........ 123

## 9.4 自然数論の公理であることの数値的表現 ........ 125
## 9.5 証明列であることの数値的表現 ............... 127

# 第 10 章 ゲーデル述語  129
## 10.1 ゲーデル述語の数値的表現 ............... 129
## 10.2 ゲーデルの不完全性定理 ................. 133
## 10.3 第二不完全性定理 ...................... 136
## 10.4 第二不完全性定理の意味 ................. 138

# 第 11 章 数学は矛盾している?  143
## 11.1 ロッサー型の不完全性定理再見 ........... 143
## 11.2 $S^{(0)}$ の無矛盾拡大 .................... 148
## 11.3 $S^{(0)}$ の無矛盾無限拡大 ................ 150
## 11.4 $S^{(0)}$ の無矛盾超限無限拡大 ............ 152
## 11.5 チャーチ-クリーネ順序数 ................ 154

# 第 12 章 自己言及と矛盾性  159
## 12.1 矛盾の原因 ............................ 159
## 12.2 自己言及と矛盾 ........................ 161
## 12.3 自己言及の制限 ........................ 162
## 12.4 自己言及の制限としてのシステム ......... 165
## 12.5 結語に代えて .......................... 166

# あとがき  169

# 関連文献  171

# 索引  176

# 第1章　不完全性定理とは何か

　ゲーデルの不完全性定理は最近ではよく知られている．日く「自然数論を含む理論$S$が無矛盾であれば$S$には証明も反証もできない命題$G$が存在する」．これはゲーデルの第一不完全性定理と呼ばれているものである．さらに第二不完全性定理は「自然数論を含む無矛盾な理論$S$においては$S$自身の無矛盾性は$S$において形式化される方法によっては証明できない」と述べられる．上で「反証できない命題$G$」というのは「$G$の否定$\neg G$が証明できない」という意味である．また理論$S$が無矛盾ないし整合的であるとは$S$のいかなる命題$B$に対しても$B$とその否定$\neg B$がともに証明可能となることはないという意味である．

　この不完全性は一般に「統語論的不完全性」(syntactic incompleteness)と呼ばれているもので命題の意味とは無関係に成り立つものと見なされている．これに対し意味論的完全性(semantic completeness)と呼ばれているものがあり，これによるとある種の制限された完全性が$S$のある部分系に対して成り立つ．

　このような事柄は数学基礎論と呼ばれる分野において研究されてきたものである．個人的なことにわたり恐縮であるが筆者の基礎論との出会いは昔たまたま S. C. Kleene, Introduction to Metamathematics, North-Holland Publishing Co., 1964 [12] という本に出会いとんでもない難解な本であるという印

象を持ったのがはじまりである．数学はもっと明快なわかりやすいものであると思っていたのでこの本に書いてあるような事柄を考えるということ自体がとんでもないことのような気もしまた不要なものであると断じたい気持ちがしたものである．これはあまりに難解なこのような本の存在を認めたくないという気持ちからでもあったのだろう．数学とはもっと美しいものでわかるものであったはずであったのが，この本を読み進むにつれそのような幻想が崩れ去っていくのを感じたからであった．

本章では不完全性定理の意味するところおよびその位置づけについて考えるところを述べてみたい．

## 1.1 不完全性定理

統語論的ないしシンタクティックな (syntactic) 不完全性とは理論 $S$ に現れる語の意味とは無関係に成り立つ「語の形式的取り扱い」のみより生ずる不完全性という意味である．

すなわち理論 $S$ は記号を持ち，それらを並べて得られる形式的な表現を持つ．この表現のうちには理論の意図する「意味」を表現し得ないものもあるのでそのような無意味な記号列を除外するためある定まった規則により構成される記号列のみを語 (word) という．語には理論の考察する対象を表す「項」(term) とそれらに関する意味を持った文に対応する「式」(well-formed formula, wff と略記する) がある．式とは普通の数学でいう命題や定理を表す文である．そのような式には正しい命題も含まれるが，意味があるというだけで正しくない命題も含まれる．そのような正しくない命題を排除するため，その理論に

## 1.1. 不完全性定理　3

おいて明らかに正しいいくつかの命題式を取り出しそれらを公理と呼んで推論の出発点とする．そのような公理から正しい推論規則により演繹されるもののみを理論 $S$ の定理と呼ぶ．そのような定理の全体がこの理論 $S$ と同一視される．そのような定理の全体としての理論 $S$ において，任意の意味のある命題式 $A$ が与えられたとき $A$ がその理論の定理であるかその否定 $\neg A$ が定理であれば理論 $S$ のすべての意味ある命題が正しいか正しくないかを公理からの推論により決定できることになる．このような場合理論 $S$ は完全であると呼ばれる．そうでなくある命題式 $A$ で $A$ もその否定 $\neg A$ も公理からの推論によって証明できない命題 $A$ が存在するときは理論は推論により決定できない命題を持つので不完全と呼ばれる．

ゲーデルの (第一) 不完全性定理は自然数論 $S$ を考えるとき「$S$ が無矛盾であると仮定すると $S$ は不完全である」という定理である．すなわち上の定義に戻って述べれば「$S$ が無矛盾であると仮定すると $S$ にはある命題 $G$ で $G$ もその否定 $\neg G$ も証明できない命題が存在する」という定理である．この定理は 1931 年に出版されたゲーデル (Kurt Gödel) の論文「プリンキピア マテマティカおよび関連するシステムにおける形式的決定不能命題について I」(Über formal unentsceidebare Sätze der Principia mathematica und verwandter Systeme I, Monatshefte für Mathematik und Physik, **38** (1931), 173-198[1]) において示されたものである．プリンキピア マテマティカ (Principia Mathematica) とは 20 世紀初頭の数学をペアノ

---

[1]現在では On formally undecidable propositions of Principia mathematica and related systems I, in "Kurt Gödel Collected Works, Volume I, Publications 1929-1936," Oxford University Press, New York, Clarendon Press, Oxford, 1986, 144-195 において英語との対訳で読むことができる．

による論理体系に基づいて論理的に書き下したラッセル-ホワイトヘッドによる記念碑的書物である[2]．(A.N. Whitehead, B. Russell, Principia Mathematica, Vol. 1-3, Cambridge Univ. Press, 1910-1913 および 1925-1927.)

## 1.2 不完全性定理の証明のあらすじ

前節で述べた不完全性定理の証明のあらすじは以下の通りである．自然数論 $S$ において肯定も否定も証明できない命題 $G$ を構成することが主な仕事であるが，そのような命題 $G$ は一般に以下のような意味を持つと解釈され得る自己言及的命題である．

$$G = \text{「} G \text{ は証明できない」}.$$

このような命題 $G$ が理論 $S$ において構成できたとする．すると $G$ が証明できると仮定すれば $G$ の意味から「$G$ は証明できない」ことになり矛盾である．もし $G$ の否定 $\neg G$ が証明できると仮定すれば否定 $\neg G$ の意味から「$G$ は証明できる」ことになり矛盾する．いずれの場合も理論 $S$ は矛盾する．ところが不完全性定理では大前提「理論 $S$ は無矛盾である」をおいているから，$G$ かその否定 $\neg G$ のいずれかが証明できるとすると以上の推論から不完全性定理の大前提と矛盾するから $G$ も $\neg G$ も証明できないことになる．この命題 $G$ はゲーデル文と呼ばれる命題からわかりやすく意味内容のみを取り出したものである．

以上が不完全性定理の証明の本質的な部分である．

---

[2] しかし純粋に論理的な公理のみからは無限集合の存在を導くことができず，当時においてはラッセルの論理主義 (logicism) は失敗と見なされた．

## 1.2. 不完全性定理の証明のあらすじ

このような証明を厳密に行うために理論 $S$ の原始記号を定める．すなわち原始論理記号，原始述語記号，原始関数記号，原始個体記号，変数記号，括弧およびカンマを定め，原始関数記号，原始個体記号，変数記号，括弧からある有限個の規則を繰り返し適用して構成されるもののみを理論 $S$ の項と呼ぶ．項および原始論理記号，原始述語記号，変数記号，括弧とから式を構成する規則を繰り返し適用して命題に対応する式を定義する．このように有限個の規則の繰り返しにより事柄を定義することを「再帰的」(recursive) ないし「帰納的」(inductive) な定義という．

自然数論の場合原始論理記号はたとえば

$$\Rightarrow, \land, \lor, \lnot, \forall, \exists$$

があれば十分である．もちろんもっと少なくすることも可能であるが再定義の面倒を省くためこれらを原始論理記号としておく．これらの意味は上の順にそれぞれ「ならば (imply)」，「かつ (and)」，「または (or)」，「否定 (not)」，「すべての … に対し (for all)」，「ある … に対し (there exists)」である．原始述語記号は自然数論では等号

$$=$$

のみであり，原始関数記号は

$$+, \cdot, {}'$$

とする．$+$ は足し算であり，$\cdot$ は掛け算である．最後のプライム $'$ は自然数論においては，項 $s$ に対しプライム $'$ をつけて $s'$ としたものは $s$ の後者を表すために使われる．すなわち自然

## 6　第1章　不完全性定理とは何か

数を表す項 $s$ に対しその後者 $s'$ とは $s+1$ のことである．原始個体記号はゼロを表す

$$0$$

であり，すべての自然数は $0$ の何らかの後者 $0''\cdots'$ により表されると考える．変数記号は

$$a,\ b,\ c,\ \ldots,\ x,\ y,\ z,\ \ldots$$

などで括弧は

$$(\ ),\ \{\ \},\ [\ ],\ \ldots$$

などを用いる．またこのほかに補助的ではあるが重要なものとしてカンマ

$$,$$

がある．

　項 $s, t, r, \ldots$ などは自然数論 $S$ では自然数を表すものになるが，その形は個体記号から構成される $0''\cdots'$ や変数の後者 $a'$ や $b''$ およびそのようなものから足し算，掛け算により構成される $s+t$ や $s \cdot t$ などとなる．式はこれら項 $s, t, r$ などから述語記号を用いて構成される $s = t + r$, $s = t \cdot r$ 等やまたそれらに論理記号を加えて再帰的に構成される $\forall x(x = x)$, $\forall x \exists y(\neg(x = 0) \Rightarrow (x = y'))$ 等のものである．

　これらの式のうち正しいいくつかの式を公理として選び出す．それらの全体を

$$A_1,\ A_2,\ \ldots,\ A_k$$

とする．これら公理から推論規則により変形されて得られるものを理論 $S$ の定理と呼ぶ．推論規則としてはたとえば有名な三段論法

式 $A$ が真であり，$A \Rightarrow B$ が真であるなら，式 $B$ は真である

形式的には

$$\frac{A, \quad (A) \Rightarrow (B)}{B}$$

と書かれるものがある．これは modus ponens あるいは syllogism と呼ばれる古典的な規則であるが，ほかに述語論理の推論規則

$$\frac{(C) \Rightarrow (F)}{(C) \Rightarrow (\forall x\,(F))}$$

がある．

これらの規則を公理に再帰的に適用して理論 $S$ の定理の全体が構成される．

## 1.3 自己言及命題

前節で述べたように肯定も否定も証明できない命題 $G$ は自己に言及している「自己言及命題」である．このような命題のうちある形のものは一般に矛盾を生むことはギリシア時代から知られている．たとえばクレタ人のパラドクスをより端的にした形の文

「この文は偽である」

は自身の文自体を否定しているので，この文が真とすればこの文自体が偽であり，偽とすればこの文自体が真となり，無限循環が生ずる．あるいはいずれの仮定「この文は真である」

あるいは「この文は偽である」からも上の文は矛盾を生むので，もし我々の言語体系が無矛盾であると仮定すればこの文は真偽を定められない文である．

このような自己言及的命題ないし文で矛盾ないし無限循環を生ずるものはたくさん知られている．たとえば

「$n$ は 30 文字以下で定義されない最小の自然数である」

という文は数 $n$ を定義するだろうか？この文は 24 文字であり，この文が数 $n$ を定義するとすればこの $n$ は 30 文字以下で定義されていることになり，この文自体に矛盾する．これも定義しようとする数 $n$ 自体に言及している自己言及的文である．

あるいはこれも有名な例であるが

「この村の床屋は自分でひげを剃らない人全部およびそのような人のみのひげを剃る」

という文はどうであろうか？この床屋さんは自分のひげを剃るだろうか？

このように自己言及というものが矛盾のもとであるようである．それなら自己言及を避ければ矛盾は避けられるように見える．しかしその場合意味のあることをいうことが可能であろうか？我々の日頃の会話が会話の相手に対し陽にではなくとも暗黙のうちに自分のことを話していることを思い起こせば我々の日常行う会話で自己言及しない会話というものはほとんどないだろう．自己言及を避ければ我々はほとんど話すことがなくなってしまうであろう．

前節で述べたゲーデル文

$$G = \text{「}G\text{ は証明できない」}.$$

もこのような自己言及的文であるが，よく見てみるとこれは理論 $S$ より高い次元で $S$ について話している文である．このように対象理論 $S$ について述べる文をメタレベルの文という．メタ (meta) とはギリシア語で「後」あるい "after" という意味の言葉であるが後に「より高次の」という意味にも使われるようになった．数学基礎論を意味する超数学 (metamathematics) の meta はこの意味のメタである．より高い次元で話しているゲーデル文は実は自身には言及できないはずである．何となればゲーデル文は対象理論 $S$ について話しているのであるからメタのレベルにあり，自身を対象理論の中に「写さない限り」自身について語ることはできない．このようにメタレベルの言述を対象理論内の言述と見なしたことが実はゲーデル文の矛盾の原因である．

このように考えればゲーデルの不完全性定理は実は統語論的な形式的な演算のみによって起こる矛盾ないし不完全性でないことが推察されよう．ここには意味論的な仕掛けが存在しているのである．

## 1.4　再帰性

第1.2節において対象を表す項や命題に対応する式は再帰的に定義されることを述べた．再帰性とはたとえば記号列の生成でいえば一定の有限個の規則を定められた原始記号に対し繰り返し適用して記号列を生成することである．あるいは定理の生成では一定の推論規則を公理および得られた定理に繰り返し適用して定理を生成することである．新しい構成規則を恣意的に導入することは上述のような形式的体系では禁

じられている．実はこのような制限はコンピューターで物事を処理する場合には当然のこととして仮定されている．自動機械に事態に応じて自身で新しい処理規則を考案して物事を解決せよとは期待できないであろう．あるいは組織の規則にしてもそうであろう．ある一定期間は問題が生じても規則を改正しない限り新しい事態や問題に対処することは現場の知恵に任されている．項や式の再帰的定義や命題の正しさないし「証明される」ということ自体が再帰的な定義であり，機械的な操作の上でのみ「証明された」とされるものである．

ゲーデルの不完全性定理はこのような再帰的定義や証明に対し，それでは不十分であるという意味であると解釈することもできる．このような立場からは不完全性定理は「新しい公理」あるいはさらには「新しい論理体系」の発見の契機であるとも捉えることができる．

実際連続体仮説や選択公理が集合論の他の公理とは独立でそれらの否定を集合論の公理として採用しても集合論は矛盾しないことが知られているが，このような場合何が正しいかは我々が何を正しいと観るかによるのである．ゲーデル自身は無限についてのある「正しい公理」があると信じていたようである．

翻って自然現象を見てみるとそこにも再帰的な方法で記述される現象が多々あることに気づく．たとえばリアス式海岸に見られるようなフラクタルな図形を定義しようと思うと再帰的な定義に行き着く．また気象や波動現象を記述する微分方程式は線型方程式である場合もあるがより一般の自然現象に当てはめようとすると非線型方程式を考える必要が出てくる．非線型方程式は方程式の解自身が方程式中に入ってきて

解自身に影響を与える形をしておりこれは優れて再帰的かつ自己言及的な記述法である．

数学的体系の記述あるいはその生成においてまた自然現象の記述ないしその自己生成を説明する際にも自己言及的な再帰的記述が有効であることを考えると再帰性は人間の内的な行為である数学基礎論に限らず自然界一般の記述の基本であるように見える．

自然界の記述は数学的な記述にいたって初めて量的なものになり将来の計画を立てる際に役に立つものになる．このようなことを考えると数学の基礎自体が再帰的な定義をもとにしていることは自然であり，かつこのような記述法の発見が人間が自然界を記述し自己の計画を建てることを可能にしてきたのだと思われる．

## 1.5 数学基礎論

以上に概観したように数学の基礎を論ずる数学基礎論自体が数学自身を数学的に語る自己言及的行為である．数学基礎論はこのように自己言及的であり，いつまでたっても外界と無関係な行為のように見える．それでは他の数学分野あるいは他の科学や人間の諸活動一般を見てみたらどうであろうか？そこには自己言及的でないより高次の立場でものを見る活動があるだろうか？これについては読者ご自身のご高察を待ちたいが，前節において見たように自然界の記述において再帰的な自己言及的記述が有効であることを考えると自ずと答えがわかるのではなかろうか．

いずれにせよおそらく世間一般に思われているように数学

者は自己言及的な世間知らずの偏屈な人間達であるのだろうとひとまず認めてみよう．このような人たちの考え出したコンピューターがしかしながら世の役に立ちあるいは世間の必需品である時代になってきた．内的活動である数学そしてその最たるものである数学基礎論(ないし同等の考察と考えられる計算科学)から計算機という有用な道具が生まれてきたことを考えると人間の内省や内的活動にもそれなりの社会的意味があることが認識されてきているのであろう．政策判断や経済判断においても数学的な予測や統計が用いられる時代である．内的活動が実は人間の本来持っている重要な能力であり，人間の未来を決める上で有用なものであることが認識される現代において数学的思考の大切さが多くの人に理解されるようになると思われる．

　数学基礎論は筆者が学生の頃は日本のみならず諸外国でもほとんど顧みられることのない分野であったようであるが最近は多くの研究者が現れ，活発な研究考察が行われているのは好ましい印象を与える．これからの若い人たちがもっと自由に内的考察に従事できるような時代が来ると筆者は思う．本書がそのような若い方達のお役に少しでも立てれば幸いである．

# 第2章　形式的自然数論

　前章のはじめに述べたようにゲーデルの第一不完全性定理は「自然数論を含む理論 $S$ が無矛盾であれば $S$ には証明も反証もできない命題 $G$ が存在する」というものであった．理論 $S$ が完全であるとは理論 $S$ の任意の意味のある命題 $A$ が与えられたとき $A$ がその理論の定理であるかその否定 $\neg A$ が定理であるかを $S$ の公理からの論理的推論のみによって決定できることであった．したがって不完全性定理は「自然数論を含む理論 $S$ が無矛盾であれば $S$ は不完全である」という定理である．$S$ が無矛盾とはいかなる命題 $B$ に対しても $B$ およびその否定 $\neg B$ がともに証明可能となることはないということであった．したがって矛盾する理論 $S$ においてはある命題 $B$ について $B$ およびその否定 $\neg B$ がともに証明可能となるから，これより矛盾する理論においてはいかなる命題 $C$ も証明可能となる．上記の不完全性定理を言い換えれば「自然数論を含む理論 $S$ は矛盾するか不完全であるかのどちらかである」となる．さらに第二不完全性定理は「$S$ が無矛盾ならば $S$ の無矛盾性は $S$ において形式化される方法によっては証明できない」というものである．ゲーデルによる 1931 年の第二不完全性定理の結果は，1900 年前後の数学の基礎に対する困難より発生した数学の危機に対しブラウワー (L. E. J. Brouwer) が提唱した直観主義 (intuitionism) に対峙するためにヒルベルト (D. Hilbert) が提示した形式主義 (formalism) のプログラ

ム「数学理論は無矛盾であることを有限の立場に基づいた語の形式的取り扱いの手続きのみにより示すことによりその健全性が保証される」を少なくとも表面的には否定するものであった．自然数論内で形式化され得る手続きは有限の立場に基づいた語の形式的取り扱いの手続きと同等と考えられ，したがって自然数論内で形式化され得る方法で無矛盾性を示すことができないということは「有限の立場に立つ限り自然数論の無矛盾性は証明されない」と解釈され得るためであった．この意味において数学基礎論で本質的に重要な問題は理論の無矛盾性の問題であり，理論が完全であるか否かは本質的でない．しかし第二不完全性定理は第一不完全性定理の帰結であり，その意味で無矛盾性に関する議論を行うためにまず自然数論の完全性の議論が必要となる．

## 2.1 形式主義

ここでこのような形式主義が提唱されるに至るまでの20世紀初等前後の数学の様子を振り返ってみよう．よく知られているように19世紀の終わり頃，正確には1870年頃から1900年頃においてワイエルシュトラス (K. Weierstraß), デデキント (R. Dedekind), カントール (G. Cantor) らによる集合の考えを用いた実数論の数学的に正確な定式化が成功を収めた頃，その集合の扱いにおいて種々の困難が見いだされた．1897年にブラリ-フォルティ (C. Burali-Forti) によって見いだされた順序数全体に関するパラドクス，1899年にカントールによって見いだされた集合全体に関するパラドクス，1902-3にラッセル (B. Russell) によって発見された自身を要素として持た

ない集合の全体の生み出すパラドクス等々の困難である．ラッセルのパラドクスは彼が論理的な公理のみから数学を導き出そうとする試み[1]を書いている最中に見いだされたものであり，この困難を回避するためラッセルはタイプの理論，オーダーの概念そしてそれらにより生ずる階層間の乖離を補う還元公理[2]を導入した．この還元公理は後にラッセル自身が認めたように「純粋にプラグマティックな正当性」以外を持たず論理的な公理とは言い難いものであった．このように論理のみをもとに数学を導き出そうとする努力は論理主義 (logicism) と呼ばれカルナップ (1931-2)，クワイン (1940) 等により改変ないし発展の試みが行われたがそののちの後継者はいないようである．しかしラッセル-ホワイトヘッドによる記念碑的著作『プリンキピア マテマティカ』において展開された数学の議論における論理の構造の解析は，後の直観主義数学に基づく連続体の理論および集合論の構築やヒルベルトの形式主義による形式的体系の構成に深い部分で影響を与えたものである．ラッセルの努力と貢献がなければ現代数学はもっと紆余曲折をたどっていたことであろう．事実ゲーデルの不完全性定理の論文のタイトルは前章に述べたように「プリンキピア マテマティカおよび関連するシステムにおける形式的決定不能命題について I」となっていることはラッセルの影響が大であっ

---

[1] 前章に述べたプリンキピア マテマティカのことである．

[2] ラッセルの考えでは原初的な対象はタイプ 0 に属するとされ，タイプ 0 の対象についての「性質」はタイプ 1 であるとされる．以下同様にタイプ 2, 3, ... が定まる．さらに「関係」や「クラス (class)」のような対象についても考察するにはタイプ 1 以上のものについては各タイプのものの中にさらにオーダーという差を導入して同じタイプのものを分類する必要がある．このようなオーダーを導入すると通常の解析学が構成できなくなる．そこでラッセルは「上位のオーダーに属する性質には必ず最下位のオーダー 0 の性質が対応している」という仮定を導入し「還元公理」と呼んだ．

たことを物語っている．後にワイル (H. Weyl[3], 1946) により「プリンキピア マテマティカにおいては数学はもはや論理によって基礎づけられるのではなく論理学者のパラダイスに基礎をおくものとなっている...」と評され，数学の基礎付けという観点からは現代では忘れ去られたものとなっているが，その数学に対する実質的貢献自体は正当に評価されるべきものであろう．

ちょうど集合論に基づく実数論が成功を収めていた1880年代にクロネッカー (L. Kronecker) は，実数論において扱われている定義は単に「言葉」に過ぎず，実際の対象が定義を満たすものかどうかを決定するものではない，という批判を展開した[4]．その後1908年にブラウワー (L. E. J. Brouwer) は「論理の原理の非信頼性」と題する論文においてアリストテレス (Aristotle, 384-322 B.C.) にさかのぼる古典論理は有限な対象に対する論理から抽象されたものであり，これをそのまま無限の対象には適用できないという批判を展開した．たとえばアリストテレスの影響を受けたと考えられるユークリッドの『原論』においては「全体は部分より大きい」とされたが，これは無限集合においては成り立たない[5]．ブラウワーは

---

[3] Mathematics and logic. A brief survey serving as a preface to a review of "The Philosophy of Bertrand Russell", Amer. math. monthly, **53**(1946), 2-13.

[4] クロネッカーは公的にも個人的にもカントールに対し厳しい批判を展開したようである．同時代のポアンカレも厳しい批判を行った．一神教の立場からカントールの無限に存在する「無限」というものに対し激しい拒否反応があったようである．カントールの死後にもヴィトゲンシュタインも厳しい批判を行った．

[5] アリストテレスは「アキレスと亀」に代表されるゼノンのパラドクスは無限が実在するかのように扱うことから起こるものとした．この意味で「実無限は存在しない」とする立場はアリストテレスにまでさかのぼるものと思われる．

## 2.1. 形式主義　17

このような問題は「排中律 (the law of the excluded middle)」を無制限に無限集合に適用することから起こるものであると主張した．すなわち排中律とは任意の命題 $A$ に対し $A$ またはその否定 $\neg A$ が成り立つというものである．たとえばいま命題 $A$ を「性質 $P$ を満たす集合 $M$ の要素 (元) が存在する」とすると，その否定 $\neg A$ は「任意の $M$ の元は性質 $P$ を持たない」となる．集合 $M$ が有限集合であれば $M$ の要素を一つ一つ調べることにより $A$ か $\neg A$ のどちらかが成り立つことを確かめることができる．しかし $M$ が無限集合であればこのような検査を $M$ のすべての元に対し行うことは原理的に不可能である．したがってブラウワーによれば排中律は一般の無限集合を含む数学の議論の際は用いてはならない原理とされる．このようにブラウワーの考えは「有限の立場」にたつものであり，直観主義 (intuitionism) と呼ばれる．この立場では実無限の存在は仮想のものとされる．この考えは近代においてはガウス (C. F. Gauß, 1831) にまでさかのぼるものであり，現代における計算可能性の考えがこの有限の立場と相通ずるものを持っている．事実ブラウワーは数学は我々の思考の正確な部分と同一であり，哲学や論理学を含むいかなる科学も数学にとって前提とはならないと考えていたようである[6]．これは計算というものがいかなる哲学や論理も仮定しないことと軌を一にしている．

19 世紀末に見いだされた数学における困難はこのように既存の数学に対する再吟味を要求した．この困難はヒルベルトおよび彼の協力者ベルネイ (P. Bernays)，アッケルマン (W.

---

[6]A. Heyting, Mathematische Grundlagenforschung. Intuitionismus. Beweistheorie. Ergebnisse der Mathematik und ihrer Grenzgebiete, **3**, 1934.

Ackerman), フォン ノイマン (J. von Neumann) 等により深刻に受け止められた. ヒルベルトは直観主義のこのような批判に対し, 次のような立場を提唱した. すなわち「これまでの無限を扱う古典数学は形式的公理論として定式化され, この形式化された理論の取り扱いは有限の (finitary) 立場に立つものとする. この形式的取り扱いにより形式的公理論が無矛盾であるを示すことができればその公理論は健全である」という立場であり, これは無限を扱う形式的公理論の取り扱いがブラウワーの直観主義と同等であることからこのことが実行できれば上述のような批判のもとになっている困難を回避できると考えた. これを形式主義 (formalism) と呼ぶ. このように理論の無矛盾性を考察すること自体を数学的に行うことができる. ヒルベルトはこのような数学を対象とする「数学理論」を総称して超数学 (metamathematics) ないし証明論 (proof theory) と呼んだ. 日本語では数学基礎論という言葉で両者を表現している.

この意味で不完全性定理が「ヒルベルトの形式主義のプログラムを不可能にした」という文脈で語られるのは前書きで述べたように第二不完全性定理のほうである. しかし既述のように第二不完全性定理は技術的な点を除けば第一不完全性定理の系と考えられる. したがって基礎論の問題を見るには第一不完全性定理を示すのが先決である. そこで本章では第一不完全性定理の証明の最初の段階として自然数論を形式主義に則って「形式的体系に書き出す」ことについて述べて見ようと思う. 本書では先述のクリーネの本 [12] および拙著『理学を志す人のための数学入門』(現代数学社, 2006)[27] の記述を参考にしているところがあることをお断りしておく.

## 2.2 原始記号, 項, 式

ゲーデルの定理は自然数論を何らかの意味において部分系として含む数学的体系に対し成り立つものである. 従って基本系として自然数論を考えれば十分である. この場合ゲーデルの (第一) 不完全性定理は「自然数論 $S$ が無矛盾であれば $S$ には証明も反証もできない命題 $G$ が存在する」であるが, その意味はある命題 $G$ およびその否定 $\neg G$ がともに証明できないというところにある. この「証明できない」ということの意味が実は問題であることは読者もお気づきであろう.

自然数論は通常の常識的な論理の公理とその運用を規定する推論規則および自然数論のいくつかの公理よりなる. そしてこれらの公理およびそれらに対する論理規則の運用によって得られる命題が自然数論の定理である. ある命題 $G$ およびその否定 $\neg G$ がこのような方法によって定理として得られないということが不完全性定理の意味である.

したがって不完全性定理を証明するためには論理および数学の公理と推論規則を書き出し, それらの運用による方法では $G$ およびその否定 $\neg G$ もともに証明できない命題 $G$ の存在をいう必要がある. 公理およびそれに対する推論規則の「運用」をきちんと把握するためには命題というものを記号で表し, 推論規則の運用の規則をその記号を用いて明確に書く必要がある. そこで前章の第1.2節で述べたように自然数論を書き出すのに用いる原始記号を導入する. すなわち原始記号には原始論理記号, 原始述語記号, 原始関数記号, 原始個体記号, 変数記号, 括弧, カンマがあり, それぞれ以下のようであった.

## 第2章 形式的自然数論

1. 原始論理記号:

    $\Rightarrow$ (imply), $\wedge$ (and), $\vee$ (or), $\neg$ (not),
    $\forall$ (for all), $\exists$ (there exists)

2. 原始述語記号:

    $=$ (等しい)

3. 原始関数記号:

    $+$ (和), $\cdot$ (積), $'$ (後者(プライム))

4. 原始個体記号:

    $0$ (ゼロ)

5. 変数記号:

    $a, b, c, \ldots, x, y, z, \ldots$

6. 括弧:

    ( ), { }, [ ], $\ldots$

7. カンマ:

    ,

原始論理記号のうち $\forall$ は全称量化子, $\exists$ は存在量化子と呼ばれる.

これらの記号よりまず自然数論の対象を表す項 (term) というものを以下のように定義する. このような定義を再帰的 (recursive) な定義ないし帰納的 (inductive) な定義と呼ぶ. 順々に積み上げて定義しているからである.

## 2.2. 原始記号，項，式

1. 0 は項である．

2. 変数は項である．

3. $s$ が項であるなら，$(s)'$ は項である．

4. $s, t$ が項であれば $(s) + (t)$ も項である．

5. $s, t$ が項であれば $(s) \cdot (t)$ も項である．

6. 1-5 によって定義されるもののみがこの体系の項である．

とくに途中に変数を含まないで構成されるものを数値あるいは数値項という．

次に自然数論の命題を表す式 (well-formed formula, wff) を以下のように定義する．

1. $s, t$ が項であれば $(s) = (t)$ は式である．このような式を原子式と呼ぶ．

2. $A, B$ が式であれば

$$(A) \Rightarrow (B)$$

   も式である．

3. $A, B$ が式であれば

$$(A) \wedge (B)$$

   も式である．

4. $A, B$ が式であれば

$$(A) \vee (B)$$

も式である．

5. $A$ が式であれば

$$\neg(A)$$

も式である．

6. $x$ が変数で $A$ が式であれば $\forall x(A)$ も式である．

7. $x$ が変数で $A$ が式であれば $\exists x(A)$ も式である．

8. 1-7 によって定義されるもののみがこの体系の式である．

## 2.3 公理，推論規則

前章に述べたように前節で定義した式あるいは命題式のうちいくつかを公理として採用し，それに推論規則を適用して得られるものを定理とし，この自然数論という形式的体系において証明されるものとして定義する．

推論規則は前章において述べたように二つあれば十分であるが記述を容易にするため以下の三つを仮定する[7]．ただし以下では式 $C$ は変数 $x$ を含まないものとする．

$I_1$: 三段論法 (Modus ponens. Syllogism)：式 $A$ が真であり，$A \Rightarrow B$ が真であるなら，式 $B$ は真である．

$$\frac{A, \quad (A) \Rightarrow (B)}{B}$$

---

[7]以下の推論規則および公理系は [12] §19 に従った．

## 2.3. 公理, 推論規則

$I_2$: 一般化 (Generalization)：任意の変数 $x$ において, 式 $F$ から全称量化子を入れて $\forall x(F)$ を帰結する．

$$\frac{(C) \Rightarrow (F)}{(C) \Rightarrow (\forall x\,(F))}$$

$I_3$: 特殊化 (Specialization)：任意の変数 $x$ において, 式 $F$ に存在量化子を入れて $\exists x(F)$ を帰結する．

$$\frac{(F) \Rightarrow (C)}{(\exists x\,(F)) \Rightarrow (C)}$$

自然数論の公理には以下のものがある. 以下自明な括弧で煩雑になるものは省くことにする.

まず論理公理のうち命題論理に関するものとして以下のものがある.

A1. 命題計算に関する公理 ($A, B, C$ は任意の式.)

1. $A \Rightarrow (B \Rightarrow A)$

2. $(A \Rightarrow B) \Rightarrow ((A \Rightarrow (B \Rightarrow C)) \Rightarrow (A \Rightarrow C))$

3. $A \Rightarrow ((A \Rightarrow B) \Rightarrow B)$

   (推論規則)

4. $A \Rightarrow (B \Rightarrow A \wedge B)$

5. $A \wedge B \Rightarrow A$

6. $A \wedge B \Rightarrow B$

7. $A \Rightarrow A \vee B$

8. $B \Rightarrow A \vee B$

9. $(A \Rightarrow C) \Rightarrow ((B \Rightarrow C) \Rightarrow (A \vee B \Rightarrow C))$

10. $(A \Rightarrow B) \Rightarrow ((A \Rightarrow \neg B) \Rightarrow \neg A)$

11. $\neg\neg A \Rightarrow A$

次に述語論理に関するものとして以下のものがある.

ここで変数の束縛に関し以下の用語を導入する. すなわちある変数 $x$ が式 $A$ の中でいずれかの量化子の影響範囲に現れているものを束縛変数 (bounded variable) と呼び, そうでない変数 $x$ の現れを自由変数 (free variable) と呼ぶ. また, $x$ を自由変数に持つ式 $A(x)$ において変数 $x$ が項 $t$ の中のいかなる変数 $y$ に対しても $A(x)$ 中の量化子 $\forall y$ あるいは $\exists y$ の影響範囲に現れないとき,「項 $t$ は $A(x)$ の変数 $x$ に対し自由である」という.

A2. 述語計算に関する公理 ($A$ は任意の式, $B$ は変数 $x$ を自由変数として含まない式, $F(x)$ は自由変数 $x$ をもつ式で, 項 $t$ は $F(x)$ の変数 $x$ に対し自由なもの.)

1. $(B \Rightarrow A) \Rightarrow (B \Rightarrow (\forall x A))$

   (推論規則)

2. $\forall x F(x) \Rightarrow F(t)$

3. $F(t) \Rightarrow \exists x F(x)$

4. $(A \Rightarrow B) \Rightarrow ((\exists x A) \Rightarrow B)$

   (推論規則)

公理にもメタレベルの推論規則と同じ推論規則が現れているのは体系内でもメタレベルと同様の推論を可能とするためである.

また「項 $t$ は $F(x)$ の変数 $x$ に対し自由なもの」という仮定をおいたのはたとえば

$$F(x) = \exists y(x = y)$$

とするとき項 $t$ が

$$t = a + y$$

のように変数 $x$ に対し $F(x)$ において自由でなければ，この項 $t$ を $F(x)$ の $x$ の位置に代入すると

$$F(t) = \exists y(a + y = y)$$

となり項 $t$ の中の変数 $y$ が束縛され，述語論理の公理 2 が成り立たなくなるのでそのような場合を排除するためである．

自然数論に関する公理は以下のものである．

A3. 自然数の計算に関する公理 ($a, b, c$ は任意の変数.)

1. $a' = b' \Rightarrow a = b$

2. $\neg(a' = 0)$

3. $a = b \Rightarrow (a = c \Rightarrow b = c)$

4. $a = b \Rightarrow a' = b'$

5. $a + 0 = a$

6. $a + b' = (a + b)'$

7. $a \cdot 0 = 0$

8. $a \cdot b' = a \cdot b + a$

A4. 数学的帰納法に関する公理 ($F$ は任意の式.)

$$(F(0) \land \forall x(F(x) \Rightarrow F(x'))) \Rightarrow \forall x F(x)$$

## 2.4 証明, 定理, 演繹可能

このような形式化された自然数論における定理およびその証明を定義するためにまず以下の定義をする.

**定義 2.1** ある式 $C$ がある一つの式 $A$ ないし二つの式 $A, B$ の直接的帰結であるとは $C$ が推論規則の横線の下に現れ他の式 $A$ あるいは $A, B$ がその横線の上に現れる時を言う.

その上で証明, 証明可能および定理を以下のように定義する.

**定義 2.2** 一つ以上の式をカンマで区切って並べた有限列が形式的証明であるとはその形式的列のおのおのの式が公理であるかその式の前に現れる式の直接的帰結である時を言う. 形式的証明はその有限列の最後の式の「証明」であるといわれ, その最後に現れる式をこの体系で証明可能である, あるいはこの体系の定理であるという.

またあるいくつかの仮定を公理に付け加えて得られる結論をそれらの仮定から演繹可能という.

**定義 2.3** 式 $D_1, \cdots, D_\ell$ ($\ell \geq 0$) が与えられたとき一つ以上の有限個の式の列[8]が仮定 $D_1, \cdots, D_\ell$ からの演繹的推論であるとはその列のどの式もこれら $\ell$ 個の式の一つであるか公理であるかあるいはそれより前の式の直接的帰結である時を言う. 演繹的推論はその最後の式 $E$ の演繹である, あるいは式 $E$ は仮定 $D_1, \cdots, D_\ell$ から演繹可能であるという. このことを

$$D_1, \cdots, D_\ell \vdash E$$

と書く. $E$ はこの推論の結論であるという.

---
[8] 上と同様にこれらの式はカンマで区切って並べられているとする.

## 2.4. 証明, 定理, 演繹可能

$\ell = 0$ すなわち何らの仮定を付け加えない場合これは

$$\vdash E$$

と書かれる．これは $E$ が定理であるということと同値である．

以上に見るように形式的体系では項，式，証明，定理，演繹可能性の定義のすべてが再帰的ないし帰納的であることに注意されたい．これは形式的体系で行えることは「基本的に機械的操作」に限られることを意味する．これは本書では触れる機会はないであろうがいわゆる「計算可能性」の概念と関わっている．

# 第3章 命題計算の無矛盾性

本章では前章で定義した形式的自然数論 (formal number theory) $S$ の部分系である命題計算ないし命題論理について簡単にその特徴および概要を見てみよう．

命題論理とはその名のごとく対象に関する論述を含まない「命題」のみの間の論理的関係を研究する分野である．これに対し対象に関する論述を含む命題の論理は命題論理を部分系として含む述語論理によって研究される．自然数論は述語論理の公理系に自然数論の公理を付け加えて得られる形式的体系 (formal system) である．

## 3.1 命題論理の形式的体系

命題論理の形式的体系は自然数論と同様であるが，自然数論から自然数論の公理および述語論理の公理と推論規則を除いたものである．命題論理において注意すべきことは命題論理の各命題は述語論理を含む自然数論などの数学的理論に現れる具体的命題を表すものと想定されているということである．したがって命題論理においては，以下のように原始記号の一つとしてそのような具体的命題を値に取る命題変数 $\mathcal{A}, \mathcal{B}, \mathcal{C}, \ldots$ を導入する．すなわち命題論理の原始記号は以下のものからなる．

## 第3章 命題計算の無矛盾性

1. 原始論理記号:

    $\Rightarrow$ (imply), $\wedge$ (and), $\vee$ (or), $\neg$ (not),

2. 命題変数: $\mathcal{A}, \mathcal{B}, \mathcal{C}, \ldots$

3. 括弧:

    ( ), { }, [ ], $\ldots$

4. カンマ:

    ,

命題論理では対象を考えないので項は必要ない．以上のもとに命題論理の式 (well-formed formula, wff) は以下のように定義される．

1. 命題変数は式である．

2. $A, B$ が式であれば

$$(A) \Rightarrow (B)$$

    も式である．

3. $A, B$ が式であれば

$$(A) \wedge (B)$$

    も式である．

4. $A, B$ が式であれば

$$(A) \vee (B)$$

    も式である．

5. $A$ が式であれば
$$\neg(A)$$
も式である.

6. 1-5 によって定義されるもののみがこの体系の式である.

推論規則は以下のものである.

$I_1$: 三段論法 (Modus ponens. Syllogism)：式 $A$ が真であり, $A \Rightarrow B$ が真であるなら，式 $B$ は真である.

$$\frac{A, \quad (A) \Rightarrow (B)}{B}$$

公理は以下のものである.

A1. 命題計算に関する公理 ($A, B, C$ は任意の式.)

1. $A \Rightarrow (B \Rightarrow A)$

2. $(A \Rightarrow B) \Rightarrow ((A \Rightarrow (B \Rightarrow C)) \Rightarrow (A \Rightarrow C))$

3. $A \Rightarrow ((A \Rightarrow B) \Rightarrow B)$

   (推論規則)

4. $A \Rightarrow (B \Rightarrow A \wedge B)$

5. $A \wedge B \Rightarrow A$

6. $A \wedge B \Rightarrow B$

7. $A \Rightarrow A \vee B$

8. $B \Rightarrow A \vee B$

9. $(A \Rightarrow C) \Rightarrow ((B \Rightarrow C) \Rightarrow (A \vee B \Rightarrow C))$

10. $(A \Rightarrow B) \Rightarrow ((A \Rightarrow \neg B) \Rightarrow \neg A)$

11. $\neg\neg A \Rightarrow A$

## 3.2 真理値

命題論理の命題変数の変域は既述のように自然数論の具体的命題の全体である．それらの各具体的命題はそれぞれ定まった真理値 (truth value) – 真 (true) か偽 (false) – を取るものと考えられる．したがってその上を動く命題論理の命題変数の真理値は命題変数が値として取るおのおのの具体的命題の真偽に応じ真か偽の真理値の上を動くものと考える．

命題変数 $\mathcal{A}$ と $\mathcal{B}$ のそれぞれが真および偽の真理値をとる場合これらを論理結合子 $\Rightarrow$ で結んだ結合命題 $\mathcal{A} \Rightarrow \mathcal{B}$ のとる真理値を考えてみよう．仮定に対応する命題変数 $\mathcal{A}$ が偽であれば結論は何であってもこの結合命題自身は真であろう．嘘の仮定からは何でもいえるからである．仮定 $\mathcal{A}$ が真であれば結論 $\mathcal{B}$ が真でなければこの結合命題 $\mathcal{A} \Rightarrow \mathcal{B}$ は真でない．$\mathcal{B}$ が真であれば $\mathcal{A}$ の真理値が何であっても $\mathcal{A} \Rightarrow \mathcal{B}$ は真である．真および偽をそれぞれ 1 および 0 と略記してまとめれば表 3.1 が得られる．このような表を真理値表という．同様に結合命題 $\mathcal{A} \wedge \mathcal{B}$, $\mathcal{A} \vee \mathcal{B}$, $\neg \mathcal{A}$ の真理値表はそれぞれ表 3.2, 3.3, 3.4 のようになる．

以上のことから命題論理の各命題式 $A$ はその構成において現れる命題変数の真理値の真偽に応じ真理値が定まる．

| $\mathcal{B} \setminus \mathcal{A}$ | 0 | 1 |
|---|---|---|
| 0 | 1 | 0 |
| 1 | 1 | 1 |

表 3.1: $\mathcal{A}, \mathcal{B}$ が真ないし偽の真理値をとるときの $\mathcal{A} \Rightarrow \mathcal{B}$ の真理値の表

| $\mathcal{B} \setminus \mathcal{A}$ | 0 | 1 |
|---|---|---|
| 0 | 0 | 0 |
| 1 | 0 | 1 |

表 3.2: $\mathcal{A}, \mathcal{B}$ が真ないし偽の真理値をとるときの $\mathcal{A} \wedge \mathcal{B}$ の真理値の表

| $\mathcal{B} \setminus \mathcal{A}$ | 0 | 1 |
|---|---|---|
| 0 | 0 | 1 |
| 1 | 1 | 1 |

表 3.3: $\mathcal{A}, \mathcal{B}$ が真ないし偽の真理値をとるときの $\mathcal{A} \vee \mathcal{B}$ の真理値の表

| $\mathcal{A}$ | 0 | 1 |
|---|---|---|
| $\neg \mathcal{A}$ | 1 | 0 |

表 3.4: $\mathcal{A}$ が真ないし偽の真理値をとるときの $\neg \mathcal{A}$ の真理値の表

## 3.3 命題論理の定理の真理値

これらの表を用いて A1 に述べた命題論理の公理 1〜11 の真理値を計算するとおのおのに現れる命題式 $A, B, C$ の真理値に関わりなくすべて恒等的に1となることが直接の計算によりわかる．たとえば公理1の真理値は表 3.5 のように恒に真である．同様に命題論理の公理 1〜11 は恒に真なる命題である．

| $B \setminus A$ | 0 | 1 |
|---|---|---|
| 0 | 1 | 1 |
| 1 | 1 | 1 |

表 3.5: $A, B$ が真ないし偽の真理値をとるときの $A \Rightarrow (B \Rightarrow A)$ の真理値の表

命題論理の定理はこれらの恒等的に真なる命題式 (wff) に推論規則 $I_1$ を適用して得られるものである．すなわちこれらの適用において $I_1$ の横線の上の仮定 $A, A \Rightarrow B$ は恒に真であると仮定される．このとき横線の下に現れる結論の命題式 $B$ の真理値を計算してみよう．仮定 $A, A \Rightarrow B$ が真すなわちともに真理値1をとるから，特に $A$ の真理値は1のみである．このときもう一つの仮定 $A \Rightarrow B$ も真理値1をとるためには表 3.1 から結論 $B$ の真理値は1でなければならないことがわかる．したがって公理 1〜11 に推論規則 $I_1$ を繰り返し適用して得られる結論すなわち命題論理の定理の真理値は恒に1であり，まとめれば以下の定理が得られた．

## 3.3. 命題論理の定理の真理値　35

**定理 3.1** 命題論理の定理式は恒真式 (tautology) である.

　以上より命題論理においてはいかなる命題式 $D$ に対しても $\vdash D$ かつ $\vdash \neg D$ となることはないことがわかる. 実際この二つの式 $D$ および $\neg D$ がともに命題論理の定理であると仮定する. すると公理の 4 を用いる議論により $D \wedge \neg D$ が命題論理の定理になる. ところがこの命題の真理値は恒等的に 0 である. 上述のように命題論理においては真理値が恒等的に 1 の命題のみ定理であり, 真理値 0 を取ることのある命題は定理となり得ない. したがって $D \wedge \neg D$ は命題論理の定理でなく, $\vdash D$ かつ $\vdash \neg D$ から矛盾が導かれた. ゆえにいかなる命題式 $D$ に対しても $D$ および $\neg D$ がともに命題論理の定理になることはない. 以上より以下の命題論理の無矛盾性ないし整合性 (consistency) が示された.

**定理 3.2** 命題論理は無矛盾 (consistent) である.

　命題論理の無矛盾性は上述のように各命題式に 1 か 0 かのいずれかの真理値をあてがうことによって示された. この証明では命題の意味内容に留意する必要はなかったことに注意する. ヒルベルトの証明論ないし超数学以前の公理論の無矛盾性の証明は「相対的な証明」であった. すなわち公理論 $T$ が与えられたとき理論 $T$ の公理を満たす具体的数学理論 $M$ が存在すれば, 理論 $T$ は $M$ が無矛盾である限り無矛盾である, という原理に基づいていた. たとえば Beltrami(1868) による Lobachevskii の非ユークリッド幾何学いわゆる双曲幾何学の無矛盾性の証明はそれがユークリッド空間に埋め込むことができるという事実に基づいており, ユークリッド幾何学が無

36　第3章　命題計算の無矛盾性

矛盾である限り双曲幾何学も無矛盾であるというものであった．またデカルトの解析幾何学は座標系を用いることにより幾何学の諸理論の無矛盾性を実数論に帰着させる一般的な方法を与えたものである．これらに対しヒルベルトの形式的方法による無矛盾性の証明は上に見たようにこのような相対的な証明ではなく，語の形式的取り扱いのみによって「いかなる命題 $D$ に対しても ⊢ $D$ かつ ⊢ ¬$D$ がともに成り立つことはない」ことを示すものである．すなわち形式主義の方法によって初めて正確な無矛盾性の定義及びその証明法が与えられたのである．

## 3.4　モデル

以上で各命題式に論理的な「意味」に対応する真偽という二値[1]の真理値を付与する方法で命題論理の無矛盾性を証明した．

このような「意味づけ」に基づいた形式的公理論 $T$ の無矛盾性 (consistency) および完全性 (completeness) の一般的な定義はモデル (model) の概念によって与えられる．前節最後に述べたようにヒルベルトの形式主義以前の無矛盾性の証明は「相対的証明」であり，理論 $T$ の整合性は $T$ を「埋め込む」具体的理論 $M$ が整合的である限り $T$ も整合的であるというも

---

[1] ここでは真理値として二つの値を考えたがこのほかに $n \geq 3$ を一般の自然数とするとき $n$ 個の真理値を考える $n$-値命題論理というものがある．さらに $n = \aleph_0$ とする命題論理は直観主義の命題論理の解釈を与えることが知られている．第2章に述べ以降用いる論理および自然数論の公理系は Kleene [12] によるものである．この公理系の特徴は命題論理の公理 11 (すなわち ¬¬$A \Rightarrow A$) を
$$\neg A \Rightarrow (A \Rightarrow B)$$
で置き換えれば直観主義で認められる論理体系を表すことである．

## 3.4. モデル

のであった．以下述べるモデル $M$ という概念も理論 $T$ をそこに「埋め込む」ことのできるものである．ヒルベルト以前の無矛盾性の証明と決定的に異なることはモデル $M$ の整合性は真か偽かという概念によって「絶対的に」定まるものである点である．従前の相対的証明の場合は「埋め込む」具体的理論 $M$ 自身の整合性が依然相対的にしか定められないものであった．以下は $T$ として第 2 章で定義した自然数論を思い浮かべて読んでいただきたい．

一般に構造 (structure) $M$ とは，対象 (objects or individuals) の集合 (対象領域とも言う) $S_M$ が与えられていて，各 $j = 1, 2, \ldots$ に対し変数の個数 $n_j \geq 0$ が定まっている $\underbrace{S_M \times \cdots \times S_M}_{n_j \text{ factors}}$ から $S_M$ への関数 $f_j$ および変数の個数 $m_j \geq 0$ が定まっている関係 (述語) $r_j$ が定められており，任意の $m_j$ 個の対象 $a_1, \ldots, a_{m_j}$ が与えられれば関係 $r_j(a_1, \ldots, a_{m_j})$ が $M$ において成り立つ (真 (true)) か否か (偽 (false)) かが定まっているものを言う．

いま構造 $M$ から形式的体系 $T$ への以下のような 1 対 1 写像 $h$ が与えられているとする．すなわち $h$ は

1. $M$ の対象の集合 $S_M$ を理論 $T$ の個体記号[2]の集合の中に写す．

2. $M$ の各関数を $T$ の同じ個数の変数を持つある関数記号に写す．

3. $M$ の各述語を $T$ の同じ個数の変数を持つある述語記号に写す．

---
[2]第 2 章で定義した自然数論の場合個体記号は 0 のみであるが，この場合は写像 $h$ は $S_M$ を自然数論の数項の集合 $\{0, 1, 2, \ldots\}$ の中に写すと考える．

を満たすとする.

$K$ を $T$ の命題式の集合で,その命題式の個体記号,関数記号,述語記号のすべてが写像 $h$ の値域に入っているものとする.このような命題式は「写像 $h$ のもとで $M$ において定義されている」と言われる.

変数記号を含まない $T$ の原子式 $A$ で $K$ に属するものは写像 $h$ によってただ一つの $M$ の表現 $A'_h$ に対応する.すなわち $h(A') = A$ となる $A' = A'_h$ がただ一つ存在する.この $A'_h$ は上述の「$S_M$ における各関係 $r_j(a_1, \ldots, a_{m_j})$ に対しその真偽が定まっている」という約束により $M$ において真か偽かが定まっている.このとき $A'_h$ の真か偽に応じ $h$ のもとで $A$ が真か偽であるという.この上で $K$ の式が (写像 $h$ のもとで $M$ において) 真か偽かは以下のように帰納的に定義される.

1. 式 $A \Rightarrow B$ は,$B$ が真か,あるいは $A$ も $B$ もともに偽のとき且つそのときのみ,真である.式 $A \wedge B$ は $A$ および $B$ が真のとき且つそのときのみ真である.$A \vee B$ は $A$ か $B$ の少なくとも一つが真のとき且つそのときのみ真である.$\neg A$ は $A$ が偽のとき且つそのときのみ真である.

2. $A = A(x)$ を変数 $x$ 以外の自由変数を持たない式でかつ $x$ は $A$ において束縛変数としては現れないものとする.このとき $\forall x A(x)$ が真とは像 $h(S_M)$ に属する理論 $T$ の任意の個体記号 $a$ に対し $A(a)$ が真であるとき且つそのときのみである.$\exists x A(x)$ が真であるとは $h(S_M)$ に属する少なくとも一つの $a$ に対し $A(a)$ が真であるとき且つそのときのみである.

**定義 3.3** $K$ は理論 $T$ の命題式の集合でその元は写像 $h$ のもとで $M$ において定義されているとする.$K$ および $T$ の公理系の任意の式が写像 $h$ のもとで構造 $M$ において真であるとき

構造 $M$ は ($h$ のもとでの) $K$ のモデルである，あるいは $K$ は $M$ をモデルとして持つといわれる．このことを構造 $M$ は $K$ の式を満たす (satisfy) ないし充足するということもある．$K$ がただ一つの式からなる場合すなわち $K = \{F\}$ のとき，$M$ が $K$ のモデルであれば構造 $M$ は式 $F$ のモデルであるという．上と同様にこのことを構造 $M$ は式 $F$ を満たすともいう．

**定義 3.4** 理論 $T$ の命題式の集合 $K$ が (理論 $T$ に関し) 整合的であるとは $K$ のすべての式を理論 $T$ の公理系に加えた体系が整合的であることを言う．

**定理 3.5** $K$ を理論 $T$ の命題式の集合とする．$K$ がモデル $M$ を持てば $K$ は整合的である．

証明 $K$ がモデル $M$ を持つとする．$K$ が整合的でないと仮定すると $K$ は空でない．したがって $K$ に属する命題式 $F$ が取れる．$K$ は整合的でないから $G = F \wedge (\neg F)$ とおくと $K \vdash G$ である．$K$ は $M$ をモデルに持つから $K \vdash G$ から $G$ は $M$ において真である．ところがこのときは $F$ も $\neg F$ も $M$ において真となる．とくに $F$ は真でありかつ偽となり，矛盾が生じた． □

$T$ が命題論理の場合，$T$ は個体記号を持たないから上記のような写像 $h$ が定義されると構造 $M$ の対象の集合 $S_M$ は空集合であり，したがって $M$ には関数も関係も存在しない．したがってこの場合出発点になる原子式は存在しない．

しかし 3.1 の冒頭で述べたように命題論理においては命題論理の各命題は述語論理を含む自然数論などの数学的理論に現れる具体的命題を表すものと想定されていた．したがって $M$ は自然数論に対して考察される構造と考えてよく，命題論

理の命題変数はたとえば自然数論 $T$ の命題式を動く変数であると考えてよい．このように考えれば各命題変数はそれが表す自然数論 $T$ の命題式に依存して真偽の値を取る変数と見なされる．命題変数への $T$ の命題式の付与の仕方には制限はないからすべての可能な場合を動かすと各命題変数はそれぞれ独立に真偽のいずれかの値を取る自由変数と考えてよい．このとき $M$ において命題論理式が真か偽かを決める上述の規則は 3.2 節で述べた命題式が真か偽かを決める規則と同値である．したがって定理 3.1 から以下が言えた．

定理 **3.6** 自然数論に対する任意の構造 $M$ は

$$K = \{A \mid A \text{ は命題論理の定理式である．}\}$$

のモデルとなる．言い換えれば命題論理の定理式は，自然数論の任意の構造 $M$ において真である[3]．

以上の考察では構造 $M$ の対象，関数，述語と形式的理論 $T$ の個体記号，関数記号，述語記号は互いに異なるもので，その間を写像 $h$ がつなげていると考えていた．しかし $M$ の対象，関数，述語が $T$ の個体記号，関数記号，述語記号と一致すると仮定すると記述が簡明になることがある．この場合は写像 $h$ を恒等写像 $I$ と考えていることに相当する．

たとえば 3.2 節で述べた各命題式への真理値の付与はこの同一視を行い，事柄の本質的な部分を抜き取って述べているものである．すなわち命題論理には個体記号，関数記号，述語記号のような定数記号はないから命題変数は上述の場合と同様にまったく独立に真か偽かの真理値を取る自由変数と見

---

[3] これは定理 3.1 におけるもとの言い回し「命題論理の定理式は恒真式 (tautology) である．」の近代版である．

なされる．したがって「定理式は恒真式である」という事柄は一般論としては本節のように「モデル」という言葉を用いて定理 3.6 のように表現されるが，その本質は真理値の付与という方法によりすでに定理 3.1 で述べられている．

# 第4章 命題計算の完全性

一般に形式的理論 $S$ が完全 (complete) であるということは以前から述べてきたように「$S$ のいかなる命題 $A$ についても $A$ または $\neg A$ が定理である」ということであった.

いま $S$ を第3章で定義した命題論理とする. このとき式 $A$ がたとえば $\mathcal{B} \Rightarrow \mathcal{C}$ のような式の場合, この式 $\mathcal{B} \Rightarrow \mathcal{C}$ の真理値は命題変数 $\mathcal{B}, \mathcal{C}$ の真理値の値により1になったり0になったりするため, 式 $\mathcal{B} \Rightarrow \mathcal{C}$ の真理値は定まらず, したがって前章の定理 3.1 で得た結果「命題論理の定理式は恒真式である」により式 $A$ は命題論理の定理ではない. このときはその否定 $\neg A$ の真理値も定まらず, やはり $\neg A$ も命題論理の定理ではない. したがって命題論理においては「完全性 (completeness)」は成り立たないように見える. さらにこの議論から式 $\mathcal{B} \Rightarrow \mathcal{C}$ はその肯定も否定も定理でないのだから命題論理の不完全性が成り立つように見える.

ここで第2章で述べた自然数論や一般の数学理論の場合, 命題変数のような「命題自身」を変域とする変数は現れず, (個体ないし対象) 変数記号に関する閉包[1]を取る限り, 命題論理や後述の (述語変数を持つ) 述語論理に特有の上述の問題は起こらないことを注意しておく.

---

[1] 一般に対象変数記号 $x_1, \ldots, x_n$ を全自由変数として持つ式 $A(x_1, \ldots, x_n)$ に対しその閉包とは $\forall x_1 \ldots \forall x_n A(x_1, \ldots, x_n)$ のことである. 後述第6章, 定理 6.4 の証明も参照されたい.

## 4.1 拡張された命題論理 – 発見法的考察

このような事柄の理解のために少々発見法的な直観的考察を行おう.

命題論理における定理は命題論理の公理から推論規則を経て演繹されるものの総体であった. この際公理に現れる命題式 (たとえば公理1では $A, B$) は自然数論 (等の数学的理論) の命題式全体を変域とする変数と考えてよい. このことから命題論理の各公理に現れる命題式はそれぞれ命題変数で置き換えてよい. たとえば公理1

$$A \Rightarrow (B \Rightarrow A)$$

において命題式 $A, B$ を命題変数 $\mathcal{A}, \mathcal{B}$ によって置き換え

$$\mathcal{A} \Rightarrow (\mathcal{B} \Rightarrow \mathcal{A})$$

と書いてよい. この場合前章の 3.4 節に述べたモデルの考え方ではこの式に現れる命題変数 $\mathcal{A}, \mathcal{B}$ はおのおの自然数論の命題式全体を変域として動く自由変数と考えられる. そうすると公理1は図式的に

$$\forall \mathcal{A} \forall \mathcal{B} (\mathcal{A} \Rightarrow (\mathcal{B} \Rightarrow \mathcal{A}))$$

と書いてよいであろう. ただし $\forall \mathcal{A}(\ldots)$ 等は直観的意味で「自然数論の任意の命題 $\mathcal{A}$ に対し $\ldots$ が成り立つ (定理である[2])」ということと解釈するとする[3].

---

[2] つまり「自然数論の定理である」という意味である.

[3] これは論理主義で言う2階の述語論理 (second order predicate calculus) のある制限に対応する. 本来のタイプ理論では命題変数 $\mathcal{A}, \mathcal{B}$ 等は可算とは限らない無限個の命題全体を動く変数である. ここでは命題変数の変域は自然数論において再帰的に構成される命題式全体と考え, 発見法的な直観的議論と思っていただきたい.

## 4.1. 拡張された命題論理 – 発見法的考察

同様に一般の命題式 $A$ に現れる命題変数すべてに対して対応する全称量化子をつけて得られる命題式をその閉包と呼び $\forall(A)$ と書くことにしよう．これは式 $A$ に現れる相異なる命題変数が $A$ の先頭から順番に並べてちょうど $\mathcal{A}_1, \ldots, \mathcal{A}_n$ であるとき $\forall \mathcal{A}_1 \ldots \forall \mathcal{A}_n(A)$ を意味する．このとき閉包命題式 $\forall(A) = \forall \mathcal{A}_1 \ldots \forall \mathcal{A}_n(A)$ が成り立つないし定理であるということを上述の通り「直観的な」意味で「自然数論の任意の命題 $\mathcal{A}_1, \ldots, \mathcal{A}_n$ に対し $A$ が成り立つ」という意味に解釈する．同様に $\exists(A) = \exists \mathcal{A}_1 \ldots \exists \mathcal{A}_n(A)$ が成り立つとは直観的な意味で「自然数論のある命題 $\mathcal{A}_1, \ldots, \mathcal{A}_n$ に対し $A$ が成り立つ」ことと解釈する．このとき $\forall(A)$ すなわち $\forall \mathcal{A}_1 \ldots \forall \mathcal{A}_n(A)$ の否定は直観的に $\exists(\neg A)$ すなわち $\exists \mathcal{A}_1 \ldots \exists \mathcal{A}_n(\neg A)$ と書いてよいことは明らかであろう．このようにすべての命題式の閉包を考えそれら閉包命題式が「成り立つ (定理である)」か否かを論ずるものを拡張された命題論理とここでは呼ぶことにしよう．

拡張命題式の真理値を直観的な意味に解釈すれば以下が成り立つ．

命題 4.1

i) 命題式 $A$ の閉包が真であることは $A$ が恒真式であることと同値である．

ii) 命題式 $B$ の閉包が偽であることは命題式 $B$ が恒真式でないことと同値である．

証明 i) 命題式 $A$ に現れる命題変数のすべてに全称量化子をつけて真ということは，つける前の元の命題式 $A$ に現れる命

題変数に真偽どちらの値を代入しても真であることすなわち $A$ が恒真式であることに対応する.

ii) 恒真式でない命題式であるということはそこに現れる命題変数へのある真理値の付与に対し必ず偽の真理値を取るということである. したがって恒真式でない命題式であることはその閉包が真理値として 0 を取ることに対応する. □

以上により命題論理の命題式の閉包は真理値 1 を取るか 0 を取るかのどちらかに分類される.

この分類より直観されることは

予測 1 真理値 1 の閉包命題式は拡張命題論理の定理であり, 真理値 0 の閉包命題式の否定は拡張命題論理の定理である.

という予測である. もしこれが言えれば閉包命題式に関する限り上述の完全性が命題論理に対し示されたことになり, 拡張命題論理は「直観的な意味において」という留保を付けた上で完全となる.

閉包命題式は真理値として 0 か 1 しか取らないからこの予測は直観的に

予測 2 閉包命題式が真理値 1 を取ることと拡張命題論理の定理であることは同値である.

と言い換えられる.

実際予測 1 から予測 2 が言えることは以下のようにして示される. 予測 1 を仮定すれば, 閉包命題式の真理値が 1 であるときそれが拡張命題論理の定理であることは明らかである. 逆にある閉包命題式 $\forall(A)$ が拡張命題論理の定理であると仮

定しよう．すると閉包命題式の定義と第3章の定理3.1より$A$は恒真式である[4]．したがって命題4.1のi)より閉包命題式$\forall(A)$の真理値は1である．

予測2から予測1が言えることは，ここまでの段階では「閉包命題式が成り立つ」ことの意味からの直観的帰結である．後に命題4.3においてこのことのより厳密な「証明」を与える．

ある命題式$A$の閉包命題式が真理値1を取るということは$A$が恒真式であるということであるから，予測2は

**予測 3** 命題論理の命題式$A$が恒真式であることと$A$が命題論理の定理であることは同値である．

と言い換えられる[5]．

## 4.2 命題論理の完全性

第3章の定理3.1により命題論理の定理式は恒真式であることがわかっているから，上の予測3を示すには以下の定理をいえばよい．

**定理 4.2** (命題論理の完全性定理) 命題論理の恒真式は命題論理の定理式である．

---

[4] ここには以下の問題がある．たとえば$A$の閉包が$\forall \mathcal{A}_1 \ldots \forall \mathcal{A}_n(A)$であるとする．このとき「自然数論の任意の命題$\mathcal{A}_1, \ldots, \mathcal{A}_n$に対し$A$が自然数論の定理である」とき，「式$A$は命題論理の定理である」かは実は不明である．つまり$\mathcal{A}_1, \ldots, \mathcal{A}_n$が自然数論の命題式のすべてを動くときそれは命題変数の取りうる可能な場合のすべてを尽くすか，という点は命題論理が「すべての」数学理論から「命題に関する論理」を抽象したものであることから本来不明である．この点は後述の定理4.2において命題論理固有の問題として答えが与えられる．

[5] ここにも前脚注4と同様の問題があることを注意しておく．

証明[6] $A$ を任意に固定した式とする．$\mathcal{A}_1, \mathcal{A}_2, \ldots, \mathcal{A}_n$ を $A$ に現れる相異なるすべての命題変数とする．これらに対し命題変数 $\mathcal{B}_1, \mathcal{B}_2, \ldots, \mathcal{B}_n$ を命題変数 $\mathcal{A}_j$ $(1 \leq j \leq n)$ の真理値が 1 あるいは 0 に応じ命題変数 $\mathcal{B}_j$ は $\mathcal{A}_j$ あるいは $\neg \mathcal{A}_j$ を表すものと定義する．このとき $\mathcal{A}_1, \mathcal{A}_2, \ldots, \mathcal{A}_n$ への真理値の付与により得られる式 $A$ の真理値が 1 であるかあるいは 0 であるかに応じ

$$\mathcal{B}_1, \mathcal{B}_2, \ldots, \mathcal{B}_n \vdash A \tag{4.1}$$

あるいは

$$\mathcal{B}_1, \mathcal{B}_2, \ldots, \mathcal{B}_n \vdash \neg A \tag{4.2}$$

が成り立つ．

これを数学的帰納法により示す．$k \geq 0$ を式 $A$ に現れる論理記号の個数とする．$k = 0$ のときは $A$ はいずれかの $\mathcal{A}_\ell$ $(1 \leq \ell \leq n)$ に等しい．$A$ の真理値が 1 であれば $\mathcal{A}_\ell$ の真理値は 1 となる．したがって $\mathcal{B}_\ell$ は $\mathcal{A}_\ell$ すなわち $A$ に等しい．ゆえに (4.1) が成り立つ．$A$ の真理値が 0 であれば $\mathcal{A}_\ell$ の真理値は 0 となる．したがって $\mathcal{B}_\ell$ は $\neg \mathcal{A}_\ell$ すなわち $\neg A$ に等しく，(4.2) が成り立つ．$k \geq 0$ まで式 (4.1) あるいは (4.2) が成り立つとして $k+1$ の場合を考える．この場合式 $A$ は命題変数 $\mathcal{A}_1, \mathcal{A}_2, \ldots, \mathcal{A}_n$ 以外の命題変数を含まない式 $B, C$ でそれらの中に現れる論理記号の個数が $\leq k$ なるものによって $B \Rightarrow C$，$B \wedge C$，$B \vee C$，$\neg B$ のいずれかの形に表される．たとえば式 $A$ が $B \wedge C$ に等しい場合，$B, C$ の真理値は $\mathcal{A}_1, \mathcal{A}_2, \ldots, \mathcal{A}_n$ の真理値の与え方により $(1,1)$, $(1,0)$, $(0,1)$, $(0,0)$ のいずれか

---

[6]以下の証明は [12] の §29 に従った．

## 4.2. 命題論理の完全性

の組み合わせを取る．いま $B, C$ の真理値がそれぞれ $0, 1$ の場合，式 $A$ は $B \wedge C$ であるから $A$ の真理値は $0$ であり，(4.2) が期待される結果である．$B, C$ には命題変数が $k$ 個以下しか現れないから帰納法の仮定から

$$\mathcal{B}_1, \mathcal{B}_2, \ldots, \mathcal{B}_n \vdash \neg B \tag{4.3}$$

$$\mathcal{B}_1, \mathcal{B}_2, \ldots, \mathcal{B}_n \vdash C \tag{4.4}$$

が成り立つ．このうちの (4.3) と公理の 7 を用いる議論により

$$\mathcal{B}_1, \mathcal{B}_2, \ldots, \mathcal{B}_n \vdash \neg B \vee \neg C$$

すなわち

$$\mathcal{B}_1, \mathcal{B}_2, \ldots, \mathcal{B}_n \vdash \neg (B \wedge C)$$

が示され，期待通り (4.2) が成り立つ．$B, C$ の真理値が他の場合も同様である．また $A$ の形が他の場合も同様に相当する公理を用いて式 (4.1) あるいは (4.2) を示すことができる．

いま式 $A$ が恒真式であると仮定する．すると $A$ に現れる命題変数 $\mathcal{A}_1, \mathcal{A}_2, \ldots, \mathcal{A}_n$ にいかなる真理値を与えても $A$ の真理値は $1$ であるから，上の式 (4.1) は $\mathcal{B}_j$ を $\mathcal{A}_j$ あるいは $\neg \mathcal{A}_j$ のいずれで置き換えても成り立つ．たとえば $n = 2$ の場合を考えてみるとこの事実は以下のように書ける．

$$\mathcal{A}_1, \mathcal{A}_2 \vdash A$$
$$\neg \mathcal{A}_1, \mathcal{A}_2 \vdash A$$
$$\mathcal{A}_1, \neg \mathcal{A}_2 \vdash A$$
$$\neg \mathcal{A}_1, \neg \mathcal{A}_2 \vdash A$$

50    第4章 命題計算の完全性

これらに公理9を用いて議論すれば

$$\mathcal{A}_1 \vee \neg \mathcal{A}_1, \mathcal{A}_2 \vdash A$$
$$\mathcal{A}_1 \vee \neg \mathcal{A}_1, \neg \mathcal{A}_2 \vdash A$$

が得られる．同じ議論をもう一度行えば

$$\mathcal{A}_1 \vee \neg \mathcal{A}_1, \mathcal{A}_2 \vee \neg \mathcal{A}_2 \vdash A \tag{4.5}$$

が得られる．ここで一般に任意の命題 $E$ に対し命題論理の公理より

$$\vdash E \vee \neg E \tag{4.6}$$

が示されるから，これと (4.5) より

$$\vdash A$$

が言えて，$n = 2$ の場合の定理 4.2 が言える．$n \geq 3$ の場合も同様に証明される． □

式 (4.6) の証明は読者の演習問題としておく．

以上のように数学基礎論あるいは超数学の議論においては数学的帰納法が有効であると仮定されていることを注意しておく．数学的帰納法による「任意の自然数 $n$ に対して命題 $P(n)$ が成り立つ」ことの証明は「任意に与えられた自然数 $n$ に対し，0 以上 $n$ 未満の有限個の自然数のみを用いて $P(n)$ が成り立つことを示す」という意味で有限の立場のものと解される．直観主義においてもこのような意味で数学的帰納法は有効と

## 4.2. 命題論理の完全性

される[7]．しかし上の証明の最後の段階で用いた式 (4.6) は排中律であり，一般には直観主義では正しいとは認められない．

定理 4.2 から第 4.1 節で述べた予測 2 から予測 1 が導かれることのより厳密な「証明」が得られる．

**命題 4.3** 第 4.1 節の予測 2 から予測 1 が従う．

証明 命題式 $A$ の閉包 $\forall(A)$ の真理値が 1 のとき $\forall(A)$ が拡張命題論理の定理であることは予測 2 から直接わかる．

命題式 $A$ の閉包 $\forall(A)$ の真理値が 0 なら $A$ に現れる命題変数へのある真理値の付与に対し $A$ の真理値は 0 である．命題式 $A$ において真理値 1 を付与された命題変数を恒真命題 $\neg \mathcal{B} \vee \mathcal{B}$ によって，真理値 0 を付与された命題変数を恒偽命題 $\neg \mathcal{B} \wedge \mathcal{B}$ によって置き換えると得られる命題式 $D$ の真理値は恒等的に 0 である．よって $\neg D$ は恒真式である．したがって定理 4.2 より $\neg D$ は命題論理の定理である．これは $A$ に現れる各命題変数へおのおのある命題式を代入することによって得られる命題式 $D$ の否定 $\neg D$ が定理であることを意味する．したがって $\exists(\neg A)$ すなわち $\neg\forall(A)$ は拡張命題論理の定理である．よって閉包命題式 $\forall(A)$ の真理値が 0 ならその否定 $\neg\forall(A)$ が拡張命題論理の定理であることがわかった．以上より予測 2 から予測 1 が言えることが示された． □

この命題と以上述べたことにより定理 4.2 に述べた「命題論理の完全性」は「直観的な意味での」との留保を設けた上で，拡張命題論理 $S$ に対し本章の冒頭に述べた意味の完全性

---

[7]直観主義においては「無限は完成されたものとして存在するものではなく，それに向かって限りなく成長してゆくべき可能性であり，常に創造の過程にあるもの」と捉えられている．

つまり「体系 $S$ のいかなる命題 $A$ についても $A$ または $\neg A$ が定理である」を示していることになる．すなわち定理 4.2 と定理 3.1 により予測 3 が言え，これは命題 4.3 と 4.1 節の説明により直観的な意味において予測 1 と同等であった．そして予測 1 は閉包命題式に対する上述の意味での「完全性」であったからである．

しかし命題 4.3 (の証明) は直観的な意味のみならず，以下の正しい結果を含んでいる．「直観的」なのは命題変数に関する閉包という部分のみである[8]．

**定理 4.4** 命題論理において証明可能でない式を公理に加えると命題論理は矛盾する．

**証明** 定理 4.2 より証明可能でない命題 $A$ は恒真式でない．したがって $A$ に現れる全命題変数を $\mathcal{A}_1, \ldots, \mathcal{A}_n$ とするときこれらにある真理値の $n$-組 $(t_1, \ldots, t_n)$ (各 $t_j$ ($j = 1, \ldots, n$) は 1 か 0 の値) を付与すると $A$ の真理値は 0 となる．これは命題 4.3 の証明で言う $A$ の閉包 $\forall(A)$ の真理値が 0 ということである．したがって $t_j = 1$ のとき $\mathcal{A}_j$ を $\neg \mathcal{B} \vee \mathcal{B}$ で置き換え，$t_j = 0$ のとき $\mathcal{A}_j$ を $\neg \mathcal{B} \wedge \mathcal{B}$ で置き換えれば得られる式 $D$ は恒に真理値 0 を取る．$A$ を公理と仮定すれば $A$ の各命題変数 $\mathcal{A}_j$ にそれぞれ任意の式を代入したものは $A$ からの帰結であるから，$D$ は $A$ を公理に加えた命題論理の定理である．ところが $D$ は恒に偽であるからその否定式 $\neg D$ は恒真式であり，したがって定理 4.2 より $\neg D$ は命題論理の定理である．以上より $A$ を公理に加えた命題論理において式 $D$ および $\neg D$ がともに定理となり，この体系は矛盾する． □

---

[8]cf. 脚注 4．

## 4.3 モデルと完全性

定理 4.2 に述べたような条件を満たすとき命題論理は意味論的に完全 (complete) であるという. すなわち「命題 $A$ が恒真である」という条件が満たされれば「$A$ が証明可能になる」という意味で $\{A \mid 命題 A が定理である\}$ という統語論的な事実から定義される命題式の集合が $\{A \mid 命題 A が恒真である\}$ という意味論的な事実から定義される集合を含む. この意味で, 形式的手続きから得られる定理式の全体としての形式的体系たる命題論理は「命題が恒真である」という意味ないし解釈に関し完全である. この「意味づけ」ないし「解釈 (interpretation)」はもちろん一意的でなく, 一般に様々な意味づけを与えることができる.

第 3 章でこのような「意味づけ」に基づいた形式的公理論 $T$ の議論はモデルの概念を用いて扱われることを見た. 以下第 3 章に述べたことを少々復習する. $T$ はそこでの通り第 2 章で定義した自然数論と思っていただきたい.

構造 $M$ とは, 対象の集合 $S_M$ が与えられ, 自然数 $n_j, m_j \geq 0$ ($j = 1, 2, \ldots$) が定まっていて, $S_M^{n_j} = \underbrace{S_M \times \cdots \times S_M}_{n_j \text{ factors}}$ から $S_M$ への関数 $f_j$ および $S_M^{m_j}$ 上の述語 $r_j$ が与えられており任意の $m_j$ 個の対象 $a_1, \ldots, a_{m_j}$ に対し述語 $r_j(a_1, \ldots, a_{m_j})$ が $M$ において真 (true) か偽 (false) かが定められているものを言った. そして構造 $M$ から形式的体系 $T$ への 1 対 1 写像 $h$ で, $M$ の対象の集合 $S_M$ を理論 $T$ の個体記号の集合の中に, $M$ の各関数を $T$ の同じ個数の変数を持つある関数記号に, $M$ の各述語を $T$ の同じ個数の変数を持つある述語記号にそれぞれ写すものが与えられているとした.

54　第4章　命題計算の完全性

　$K$ を $T$ の命題式の集合で，その命題式の個体記号，関数記号，述語記号のすべてが写像 $h$ の値域に入っているものとする．$K$ の命題式で変数記号を含まない原子式 $A$ には $h(A'_h) = A$ となるただ一つの $M$ の表現 $A'_h$ が対応するが，命題式 $A$ は $A'_h$ が真か偽かに応じ $h$ のもとで真か偽であると言った．このとき $K$ の式の真偽は以下のように定義された．

1. 式 $A \Rightarrow B$ は，$B$ が真か，あるいは $A$ も $B$ もともに偽のとき，真である．式 $A \wedge B$ は $A$ および $B$ が真のとき真である．$A \vee B$ は $A$ か $B$ の少なくとも一つが真のとき真である．$\neg A$ は $A$ が偽のとき真である．

2. $A = A(x)$ を変数 $x$ 以外の自由変数を持たない式でかつ $x$ は $A$ において束縛変数としては現れないものとする．このとき $\forall x A(x)$ が真とは像 $h(S_M)$ に属する理論 $T$ の任意の個体記号 $a$ に対し $A(a)$ が真であることである．$\exists x A(x)$ が成り立つとは $h(S_M)$ に属する少なくとも一つの $a$ に対し $A(a)$ が真であることである．

　$K$ および $T$ の公理系の任意の式が写像 $h$ のもとで構造 $M$ において真であるとき $M$ は ($h$ のもとでの) $K$ のモデルであるといわれた．あるいはこのことを構造 $M$ は $K$ の式を満たすとも言った．

　第3章の定理 3.6 に述べたように自然数論に対する任意の構造 $M$ は

$$K = \{A \mid A \text{ は命題論理の定理式である．}\}$$

のモデルとなる．

　自然数論の構造 $M$ が任意に動けば命題変数の値である自然数論の命題式は任意に動きうるからその真偽は如何様にもな

る．したがって自然数論の任意の構造 $M$ に対し命題論理の命題式 $A$ が真であれば $A$ は恒真式となり定理4.2から $A$ は命題論理の定理式である．

したがって第3章の定理3.6と本章の定理4.2から以下が言えた．

定理 **4.5** 命題論理の命題式 $A$ が定理式であることは，$A$ が自然数論の任意の構造 $M$ をモデルとすることと同値である．

前章の3.4節の最後に述べたように構造 $M$ と形式的体系 $T$ の対象，関数，述語を同一視する簡略化を行えば，この定理はすでに述べた恒真式という概念を用いて以下のように書かれる．

定理 **4.6** 命題論理の命題式 $A$ が定理式であることはそれが恒真式であることと同値である．

# 第5章 述語計算の無矛盾性

本章では第3～4章において考察した命題論理を部分系として含む述語計算ないし述語論理について概要を見てみよう．

述語論理は命題論理の命題変数の代わりに述語変数を導入し一般の対象に関する述語を考察することを可能にしたものである．

## 5.1 述語論理の形式的体系

述語論理の形式的体系は命題論理の拡張でありかつ自然数論の部分系であるが，自然数論から自然数論の公理を除いたものである．述語論理においては命題論理と同様，その各命題は自然数論等の具体的理論の命題を表すものと想定されている．ただし対象に関する考察を可能にするため一般の対象を表す変数記号および一般の述語を表す述語変数を導入する．具体的には以下のようになる．

まず原始記号は以下のものである．

1. 原始論理記号:

    $\Rightarrow$ (imply), $\wedge$ (and), $\vee$ (or), $\neg$ (not),
    $\forall$ (for all), $\exists$ (there exists)

2. 対象変数記号:

$$a, b, c, \ldots, x, y, z, \ldots$$

3. 述語変数:

$\mathcal{A}, \mathcal{B}, \mathcal{C}, \ldots,$

$\mathcal{A}(a), \mathcal{B}(a), \mathcal{C}(a), \ldots,$

$\mathcal{A}(a,b), \mathcal{B}(a,b), \mathcal{C}(a,b), \ldots$

$\ldots$

4. 括弧:

$$(\ ),\ \{\ \},\ [\ ],\ \ldots$$

5. カンマ:

$$,$$

$a, b, c, \ldots, x, y, z, \ldots$ は対象を変域とする変数である. $\mathcal{A}, \mathcal{B}, \mathcal{C}, \ldots$ は命題論理の時と同様に命題を変域とする変数, $\mathcal{A}(a), \mathcal{B}(a), \mathcal{C}(a), \ldots$ は変数 $a$ に対象[1] $\bar{a}$ が代入されたときその対象 $\bar{a}$ に関する述語を表す変数である. 同様に $\mathcal{A}(a,b), \mathcal{B}(a,b), \mathcal{C}(a,b), \ldots$ は二つの対象がそれぞれ変数 $a, b$ に代入されたときそれらの対象に関する性質を述べる二変数の述語を表す変数である. 以下同様に一般個数 $n$ 個の変数を持つ述語変数 $\mathcal{A}(a_1, a_2, \ldots, a_n)$, $\mathcal{B}(a_1, a_2, \ldots, a_n), \mathcal{C}(a_1, a_2, \ldots, a_n), \ldots$ が導入される.

述語論理の項 (term) は変数 (variable) のみである.

述語論理の式ないし命題式 (wff) は以下のように定義される.

---

[1] 以下 $\bar{a}$ 等のバー付きの太字の $a, b, c, \ldots$ 等で具体的対象を表す.

1. $P(x_1, \ldots, x_n)$ が $n$ 個の変数 $x_1, \ldots, x_n$ を持つ述語変数であり $t_1, \ldots, t_n$ が項であれば $P(t_1, \ldots, t_n)$ は式である.

2. $A, B$ が式であれば

$$(A) \Rightarrow (B)$$

   も式である.

3. $A, B$ が式であれば

$$(A) \wedge (B)$$

   も式である.

4. $A, B$ が式であれば

$$(A) \vee (B)$$

   も式である.

5. $A$ が式であれば

$$\neg (A)$$

   も式である.

6. $x$ が変数で $A$ が式であれば $\forall x(A)$ も式である.

7. $x$ が変数で $A$ が式であれば $\exists x(A)$ も式である.

8. 1-7 によって定義されるもののみがこの体系の式である.

推論規則は以下の通りである. ただし以下では式 $C$ は変数 $x$ を含まないものとする.

第 5 章　述語計算の無矛盾性

$I_1$: 三段論法 (Modus ponens. Syllogism)：式 $A$ が真であり，$A \Rightarrow B$ が真であるなら，式 $B$ は真である．

$$\frac{A, \quad (A) \Rightarrow (B)}{B}$$

$I_2$: 一般化 (Generalization)：任意の変数 $x$ において，式 $F$ から全称量化子を入れて $\forall x(F)$ を帰結する．

$$\frac{(C) \Rightarrow (F)}{(C) \Rightarrow (\forall x(F))}$$

$I_3$: 特殊化 (Specialization)：任意の変数 $x$ において，式 $F$ に存在量化子を入れて $\exists x(F)$ を帰結する．

$$\frac{(F) \Rightarrow (C)}{(\exists x(F)) \Rightarrow (C)}$$

公理は以下のものである．まず命題論理の公理は以下の通りである．

A1. 命題計算に関する公理 ($A, B, C$ は任意の式.)

1. $A \Rightarrow (B \Rightarrow A)$

2. $(A \Rightarrow B) \Rightarrow ((A \Rightarrow (B \Rightarrow C)) \Rightarrow (A \Rightarrow C))$

3. $A \Rightarrow ((A \Rightarrow B) \Rightarrow B)$

   (推論規則)

4. $A \Rightarrow (B \Rightarrow A \wedge B)$

5. $A \wedge B \Rightarrow A$

6. $A \wedge B \Rightarrow B$

7. $A \Rightarrow A \vee B$

8. $B \Rightarrow A \vee B$

9. $(A \Rightarrow C) \Rightarrow ((B \Rightarrow C) \Rightarrow (A \vee B \Rightarrow C))$

10. $(A \Rightarrow B) \Rightarrow ((A \Rightarrow \neg B) \Rightarrow \neg A)$

11. $\neg\neg A \Rightarrow A$

次に述語論理に関するものとして以下のものがある．

A2. 述語計算に関する公理 ($A$ は任意の式，$B$ は変数 $x$ を自由変数として含まない式，$F(x)$ は自由変数 $x$ をもつ式で，項 $t$ は $F(x)$ の変数 $x$ に対し自由なもの．)

1. $(B \Rightarrow A) \Rightarrow (B \Rightarrow (\forall x A))$

   (推論規則)

2. $\forall x F(x) \Rightarrow F(t)$

3. $F(t) \Rightarrow \exists x F(x)$

4. $(A \Rightarrow B) \Rightarrow ((\exists x A) \Rightarrow B)$

   (推論規則)

ただし「項 $t$ が $F(x)$ の変数 $x$ に対し自由である」とは，$x$ を自由変数に持つ式 $F(x)$ において，変数 $x$ が項 $t$ の中のいかなる変数 $y$ に対しても $F(x)$ の中の量化子 $\forall y$ あるいは $\exists y$ の影響範囲に現れないときをいうのであったことを思い起こそう．

## 5.2 述語論理の命題式の真理値

述語論理においては対象の世界を考え，対象を表す変数 $a, b, c, \ldots$ 等はその対象世界を変域とする変数と考える．命題変数 $\mathcal{A}, \mathcal{B}, \ldots$ 等は命題論理の場合と同様対象によらない命題を動く変数と考える．これに対し対象変数をもった述語変数 $\mathcal{A}(a), \mathcal{B}(a), \ldots, \mathcal{A}(a,b), \mathcal{B}(a,b), \ldots$ 等は対象変数 $a, b, \ldots$ に具体的対象たとえば $\bar{a}, \bar{b}, \ldots$ を代入するとき $\mathcal{A}(\bar{a}), \mathcal{B}(\bar{a}), \ldots, \mathcal{A}(\bar{a}, \bar{b}), \mathcal{B}(\bar{a}, \bar{b}), \ldots$ 等のようにそれぞれの固定され対象 $\bar{a}, \bar{b}, \ldots$ に関する命題を表すものと考える．この場合 $\mathcal{A}(\bar{a})$ の変数記号 $\mathcal{A}$ は一変数の述語全体を変域とする変数でその取る値により具体的命題を表す．たとえば $\mathcal{A}(a)$ が「$a$ は椅子である」という述語を表す場合 $\mathcal{A}(\bar{a})$ は「$\bar{a}$ は椅子である」という命題を表す．二変数の述語の場合も同様である．たとえば $\mathcal{A}(a,b)$ が「$a$ は $b$ の友人である」という述語を表す場合は $\mathcal{A}(\bar{a}, \bar{b})$ は「$\bar{a}$ は $\bar{b}$ の友人である」という命題を表す．

一般に有限の立場において許される対象の世界すなわち対象変数の変域ないし領域 $R$ は有限個のものからなる集合である．それら有限個の元は一般性を失うことなく番号 $0, 1, \ldots, k-1$ で表されるとしてよい．今の場合その有限個のものからなる集合 $R$ は $k(\geq 1)$ 個の元より成る $R_k = \{0, 1, \ldots, k-1\}$ と考えている．したがってこの場合上で述べた具体的対象 $\bar{a}, \bar{b}, \ldots$ は集合 $R_k$ の元である．このとき述語変数 $\mathcal{A}(a), \mathcal{B}(a), \ldots$ 等は集合 $R_k = \{0, 1, \ldots, k-1\}$ の上で定義された述語を変域とする変数である．二変数の命題変数 $\mathcal{A}(a,b), \mathcal{B}(a,b), \ldots$ も同様に直積 $R_k \times R_k$ 上で定義された述語全体を変域とする変数である．たとえば $\mathcal{A}(a,b)$ が $a < b$ という述語を表すとき $\mathcal{A}(1,2)$ は $1 < 2$ という命題を表す．

## 5.2. 述語論理の命題式の真理値

このように各対象変数および命題変数に具体的な対象および述語が代入されれば述語論理の命題式は代入されるおのおのの対象および述語に応じ真 (1) か偽 (0) かの真理値が定まるものと考えられる.

これらの事柄は第 3 章の第 3.4 節で述べたモデルの言葉を使えば構造 $M$ として対象の集合 $S_M = R_k = \{0, 1, \ldots, k-1\}$ を持った有限構造を充てることに相当する. 述語論理には命題論理と同様に個体記号, 関数記号, 述語記号はないが, 述語論理の述語変数は自然数論等の具体的理論の命題式を表すものと想定されている.

述語論理に上記のような有限構造を充てればそれは自然数論を扱えない構造である[2]. 実際は述語論理はこのような有限構造だけでなく, それ以外の自然数論のような無限構造を持つ理論をも抽象したものとなっている. 述語論理を含むそれら一般の理論を $T$ と書く. すると命題論理の場合と同様, 述語論理の構造 $M$ として理論 $T$ の構造を考え, 各変数記号は理論 $T$ の項を動く変数, $p$ 個の変数を持つ述語変数は理論 $T$ の $p$ 個の自由変数を持つ命題式を動く変数であると見なしてよい.

ここで以下の定義をする.

定義 5.1

1. 命題式 $A$ の相異なる自由変数および述語変数のすべてをそれぞれ $x_1, \ldots, x_p$ および $\mathcal{A}_1, \ldots, \mathcal{A}_r$ とし, 各 $\mathcal{A}_j$ はそれぞれ個数 $m_j \geq 0$ の対象変数を持つ述語変数とする. 命題式 $A$ のこれらの自由変数 $x_1, \ldots, x_p$ および述語変数 $\mathcal{A}_1, \ldots, \mathcal{A}_r$ にそれぞれ対象 $\bar{x}_1, \ldots, \bar{x}_p \in R$ および

---
[2]後に自然数論を扱うため対象領域 $S_M$ として無限領域を考える.

述語 $P_1, \ldots, P_r$ で各 $P_j$ が $m_j$ 個の対象変数を持つものを代入して得られる命題の真理値が 1 となる[3]とき, 対象 $\bar{x}_1, \ldots, \bar{x}_p \in R$ および述語 $P_1, \ldots, P_r$ は $A$ を満たす (satisfy) と言う. このような具体的対象 $\bar{x}_1, \ldots, \bar{x}_p \in R$ および述語 $P_1, \ldots, P_r$ が存在するとき命題式 $A$ は (領域 $R$ において) 充足可能 (satisfiable) という[4]. この用語は領域 $R$ が有限集合でない場合も用いられる.

2. これに対し $A$ が (領域 $R$ において) 恒真であるとは $x_1, \ldots, x_p$ および $\mathcal{A}_1, \ldots, \mathcal{A}_r$ への任意の付値 $\bar{x}_1, \ldots, \bar{x}_p (\in R)$, $P_1, \ldots, P_r$ に対し $A$ が真であることを言う. すなわち代入される対象および述語によらず $A$ の真理値が恒に真であるとき, その命題式は (領域 $R$ における) 述語論理の恒真式であるという[5].

たとえば $\exists b \mathcal{A}(a, b)$ が恒真であるとは「任意の二変数述語 $P(a, b)$ が $\mathcal{A}(a, b)$ に代入されたとき, 任意の $a$ への付値 $\bar{a} \in R$ に対しある $\bar{b} \in R$ が存在して, 命題 $P(\bar{a}, \bar{b})$ の真理値が 1 である」と言うことである.

したがってある述語論理の命題式が恒真であるかないかを判定するには, 対象変数の変域と同時に述語変数の変域も考慮しなければならない. たとえば $k = 1$ の場合は対象領域は $\{0\}$ という単元集合である. この場合その上の述語を, おのおのの対象が与えられたときその述語の真理値を対応させる関数と

---

[3] このことを「$A$ に現れる自由変数 $x_1, \ldots, x_p$ および述語変数 $\mathcal{A}_1, \ldots, \mathcal{A}_r$ への付値 $\bar{x}_1, \ldots, \bar{x}_p (\in R)$, $P_1, \ldots, P_r$ に対し $A$ が真である」とも言う.

[4] これは第 3 章で定義したモデルという言葉を用いれば「領域 $R$ を対象領域とするある構造 $M$ が命題式 $A$ のモデルとなる」と言い換えられる.

[5] すなわちある式 $A$ が (領域 $R$ において) 恒真であるとは領域 $R$ を対象領域に持つ任意の構造 $M$ が $A$ のモデルとなることを言う.

## 5.2. 述語論理の命題式の真理値

| $\mathcal{A}(a) \setminus a$ | 0 |
|---|---|
| $f_{01}(a)$ | 0 |
| $f_{02}(a)$ | 1 |

表 5.1: $a \in \{0\}$ から真理値 ($\in \{0,1\}$) への関数 $f_j$ ($j = 1, 2$) の全体

| $\mathcal{A}(a) \setminus a$ | 0 | 1 | $\mathcal{A}(a) \setminus a$ | 0 | 1 |
|---|---|---|---|---|---|
| $f_{01}(a)$ | 0 | 0 | $f_{03}(a)$ | 1 | 0 |
| $f_{02}(a)$ | 0 | 1 | $f_{04}(a)$ | 1 | 1 |

表 5.2: $a \in \{0,1\}$ から真理値 ($\in \{0,1\}$) への関数 $f_j$ ($j = 1, \ldots, 4$) の全体

見なすと,それら述語に対応する真理値関数は表 5.1 のように全部で 2 個ある.また $k=2$ の場合対象領域 $\{0,1\}$ の上の一変数の述語を考えると各述語に対応してその真理値関数は表 5.2 のように全部で 4 個ある. $k=3$ の場合対象領域 $\{0,1,2\}$ の上の一変数の述語を考えると真理値関数は次ページの表 5.3 のように全部で 8 個ある.対象領域 $\{0,1\}$ の上の二変数の述語を考えると各述語に対応してその真理値関数は 67 ページの表 5.4 のように全部で 16 個ある.この場合上で触れた $\exists b \mathcal{A}(a,b)$ が恒真であるとはこれらすべての関数を $\mathcal{A}(a,b)$ に代入しても自由変数 $a$ への任意の付値 $\bar{a} \in \{0,1\}$ に対し式 $\exists b \mathcal{A}(\bar{a},b)$ が真であるということを意味する.表 5.4 より $\mathcal{A}(a,b)$ を $f_{01}(a,b)$ と取ると, $a=0$ のとき $b=0,1$ に対しては $\mathcal{A}(a,b) = f_{01}(a,b)$ の真理値は 0 となり, $\exists b \mathcal{A}(a,b)$ は領域 $R_2 = \{0,1\}$ において

| $\mathcal{A}(a) \setminus a$ | 0 | 1 | 2 | $\mathcal{A}(a) \setminus a$ | 0 | 1 | 2 |
|---|---|---|---|---|---|---|---|
| $f_{01}(a)$ | 0 | 0 | 0 | $f_{05}(a)$ | 1 | 0 | 0 |
| $f_{02}(a)$ | 0 | 0 | 1 | $f_{06}(a)$ | 1 | 0 | 1 |
| $f_{03}(a)$ | 0 | 1 | 0 | $f_{07}(a)$ | 1 | 1 | 0 |
| $f_{04}(a)$ | 0 | 1 | 1 | $f_{08}(a)$ | 1 | 1 | 1 |

表 5.3: $a \in \{0,1,2\}$ から真理値 ($\in \{0,1\}$) への関数 $f_j$ ($j = 1, \ldots, 8$) の全体

恒真でないことがわかる．同様にこの命題式はいかなる有限自然数 $k \geq 1$ に対しても領域 $R_k$ において恒真でないことが言える．

## 5.3 述語論理の無矛盾性

このように恒真式を定義するとき，命題論理の公理1より得られる命題式

$$\mathcal{A}(a) \Rightarrow (\mathcal{B}(a) \Rightarrow \mathcal{A}(a))$$

が恒真式であることは第3章と同様にして容易に確かめられる．他の命題論理の公理から得られる述語論理の命題式についても同様である．

次に述語論理の公理が恒真式であることを見よう．述語論理の公理の1と4が同値であることと公理2と3が同値であることは容易に示すことができる[6]．したがって公理1と3が恒真式であることを示せばよい．

---
[6] 読者の演習問題としておく．

| $\mathcal{A}(a,b) \setminus (a,b)$ | $(0,0)$ | $(0,1)$ | $(1,0)$ | $(1,1)$ |
|---|---|---|---|---|
| $f_{01}(a,b)$ | 0 | 0 | 0 | 0 |
| $f_{02}(a,b)$ | 0 | 0 | 0 | 1 |
| $f_{03}(a,b)$ | 0 | 0 | 1 | 0 |
| $f_{04}(a,b)$ | 0 | 0 | 1 | 1 |
| $f_{05}(a,b)$ | 0 | 1 | 0 | 0 |
| $f_{06}(a,b)$ | 0 | 1 | 0 | 1 |
| $f_{07}(a,b)$ | 0 | 1 | 1 | 0 |
| $f_{08}(a,b)$ | 0 | 1 | 1 | 1 |
| $f_{09}(a,b)$ | 1 | 0 | 0 | 0 |
| $f_{10}(a,b)$ | 1 | 0 | 0 | 1 |
| $f_{11}(a,b)$ | 1 | 0 | 1 | 0 |
| $f_{12}(a,b)$ | 1 | 0 | 1 | 1 |
| $f_{13}(a,b)$ | 1 | 1 | 0 | 0 |
| $f_{14}(a,b)$ | 1 | 1 | 0 | 1 |
| $f_{15}(a,b)$ | 1 | 1 | 1 | 0 |
| $f_{16}(a,b)$ | 1 | 1 | 1 | 1 |

表 5.4: $(a,b) \in \{0,1\} \times \{0,1\}$ の値の組み合わせから真理値 ($\in \{0,1\}$) への関数 $f_j (j = 1, \ldots, 16)$ の全体

## 公理1の恒真性:

述語論理の公理1は $(B \Rightarrow A) \Rightarrow (B \Rightarrow (\forall x A))$ (ただし $B$ は変数 $x$ を自由変数としては含まない) であった. 前件 $(B \Rightarrow A)$ が偽であるとき公理1が真であることは明らかだから, 前件 $(B \Rightarrow A)$ が真である場合のみ考えればよい. このとき $B$ が偽であれば後件の $(B \Rightarrow (\forall x A))$ は真であるから公理1は真である. したがって $B$ が真であるときのみ考えればよい. このとき前件 $(B \Rightarrow A)$ が真であると仮定しているから

$$A \text{ は真である} \tag{5.1}$$

ことが必要である. $A$ に変数 $x$ が自由変数として含まれない場合, (5.1) は $A$ が真であることを意味する. $A$ に自由変数 $x$ が隠れている場合は, (5.1) は「$A = A(x)$ は $x$ への任意の付値 ($\in \{0, 1, \ldots, k-1\}$) に対し真である」ことを意味する. したがって $\forall x A$ は真であり, 後件 $(B \Rightarrow (\forall x A))$ は真となる. 以上より公理1は恒真である.

## 公理3の恒真性:

公理3は $F(t) \Rightarrow \exists x F(x)$ (ただし $F(x)$ は自由変数 $x$ をもつ式で, 項 $t$ は $F(x)$ の変数 $x$ に対し自由なもの) であった. この場合, 前件が偽であれば公理3は真であることは明らかである. したがって前件 $F(t)$ が真である場合に後件 $\exists x F(x)$ が真であることを示せば公理3が恒真であることがわかる. 項 $t$ は $t$ に現れる相異なる全対象変数 $x_1, \ldots, x_\ell \in \{0, 1, \ldots, k-1\}$ の関数として $t(x_1, \ldots, x_\ell) \in \{0, \ldots, k-1\}$ と書ける[7]. 項 $t$

---

[7] 今考察している述語論理では項は変数であるからこのような関数としての項は考えなくてもよい. しかし後に自然数論等を考える場合にこのような関数として表される項を考える必要が出てくる.

## 5.3. 述語論理の無矛盾性　69

は $F(x)$ の変数 $x$ に対し自由であるから,公理3においてその前件 $F(t)$ が真とは,$x_1,\ldots,x_\ell$ が変域 $\{0,\ldots,k-1\}$ より任意に選ばれたある $\bar{b}_1,\ldots,\bar{b}_\ell$ に定まり,$t$ の値が一定の値 $t(\bar{b}_1,\ldots,\bar{b}_\ell) = \bar{a} \in \{0,\ldots,k-1\}$ を与えるとき,$F(\bar{a})$ が真であることを意味している[8]. この具体的対象 $\bar{a}$ に対し $F(\bar{a})$ は真となるのだから,後件 $\exists x F(x)$ は真である.よって公理3は恒真である.

さて述語論理の公理は恒真であることがわかった.次に推論規則を見てみると $I_1$ は命題論理と同じであるから横線の上の式が恒真なら下の式も恒真である.推論規則 $I_2$ と $I_3$ は同値であることは公理1と4が同値であることからわかる.推論規則 $I_2$ は本質的に公理1と同じことであるから,その横線の上の式が恒真であれば公理1の恒真性の証明から横線の下の式も恒真であることがわかる.

したがって述語論理の推論規則は命題論理の場合と同様,恒真性を保つ推論を与える.

以上より,述語論理の定理はすべて恒真式であることがわかる.すなわち以下の定理が言えた.

**定理 5.2** 述語論理の定理式は恒真式である.

これより命題論理の場合と同じ証明により,以下が言える.

**定理 5.3** 述語論理は無矛盾である.

---

[8]項 $t$ は $F(x)$ の変数 $x$ に対し自由であるから変数 $x_1,\ldots,x_\ell$ は $F(x)$ の $x$ の現れる位置においては束縛されていない変数である.したがって $F(t)$ において,$t = t(x_1,\ldots,x_\ell)$ の変数 $x_1,\ldots,x_\ell$ に $F(x)$ の $x$ の現れる位置においてそれぞれ $\bar{b}_1,\ldots,\bar{b}_\ell$ を代入したものが式 $F(\bar{a})$ である.

## 第5章 述語計算の無矛盾性

　この無矛盾性の証明は対象領域の元の個数 $k$ が $k \geq 1$ を満たせば有効であることを注意しておく．したがって述語論理の無矛盾性は「形式主義」が標榜したとおり有限の立場から示すことができる事柄である．

　以上では対象変数の変域 $S_M$ は有限集合 $R_k = \{0, \ldots, k-1\}$ と仮定していた．この仮定を外し対象領域 $S_M$ を無限集合たとえば自然数の全体 $\mathbb{N} = \{0, 1, 2, \ldots\}$ とし，一般の対象領域を集合論的に考察するとどうなるであろうか？このような立場で論ぜられる述語論理を「集合論的な述語論理」と呼ぶ．これは有限の立場を超えた議論であり，ヒルベルトの意味の超数学とは異なる．次章ではこのような集合論的な述語論理の議論において「述語論理のある種の完全性」が示されることを述べる．

# 第6章　述語計算の完全性

本章では前章で有限の立場において考察した述語論理を一般の集合論の立場から論ずることを考えてみよう.

## 6.1　無限集合を対象領域とする場合

前章では述語論理の対象変数の変域 $S_M$ は有限集合 $R_k = \{0,\ldots,k-1\}$ と仮定していた. この仮定を外し対象領域 $S_M$ を無限集合たとえば自然数の全体 $\mathbb{N} = \{0,1,2,\ldots\}$ としてみる. このとき前章の第5.3節で考察した述語論理の公理1と3を再述し, それらの恒真性を示した議論を振り返ってみよう.

公理1:
$$(B \Rightarrow A) \Rightarrow (B \Rightarrow (\forall x A))$$
(ただし $B$ は変数 $x$ を自由変数としては含まない)

この公理1で前件 $(B \Rightarrow A)$ が真であり, $B$ が真である場合は既述のように $A$ は真であった. これは, $A$ に変数 $x$ が自由変数として含まれない場合, $A$ が真であることを意味するが, $A$ に自由変数 $x$ が含まれている場合は, $A = A(x)$ は任意の $x$ への付値に対し真であることを意味する.

この場合変数 $x$ の変域が無限集合 $\mathbb{N}$ であれば「任意の $x$ への付値 ($\in \mathbb{N}$) に対し真であるか否か」は有限回の操作では判

定できない．したがって $\forall xA$ が真であるか否かは有限の立場では判定できず，公理1の後件 $(B \Rightarrow (\forall xA))$ の真偽も有限の立場からは判定不可能となる．とくに公理1の恒真性は対象領域が無限集合の場合有限の立場からは判定不能である．

公理3:
$$F(t) \Rightarrow \exists xF(x)$$

(ただし $F(x)$ は自由変数 $x$ をもつ式で，項 $t$ は $F(x)$ の変数 $x$ に対し自由なもの)

公理3において，前件の真偽を無限集合で考える．この場合項 $t$ はその構成により様々な形を取りうるが，公理3では「項 $t$ は $F(x)$ の変数 $x$ に対し自由なものなら何でもよい」という仮定が含まれていることを思い起こすと，項 $t$ はたとえば単なる対象変数 $a$ で $F(x)$ の変数 $x$ に対し自由なものと仮定しても公理3は成り立つと仮定されている．

この場合公理3の「前件 $F(t)$ が偽である」場合ということは「$F(a)$ が偽である」ということであり，これは $a$ へのある付値 $\bar{a} \in \mathbb{N}$ に対し $F(\bar{a})$ が偽になると言うことである．

これに対しもう一方の場合の「前件 $F(t)$ が真である場合」は「$F(a)$ が真である」場合であり，この場合は $a$ への任意の付値 $\bar{a} \in \mathbb{N}$ に対し $F(\bar{a})$ が真となると言うことである．

今のように対象変数の変域が自然数全体という無限集合である場合，上に述べた公理1と同様に，この二つの場合を判別することは有限回の操作では実行できない．すなわち「前件 $F(t)$ が偽である」か「前件 $F(t)$ が真である」かを分類するには公理1の場合と同様に無限回の操作が必要であり，有

## 6.1. 無限集合を対象領域とする場合

限の立場を超えた議論を仮定しなければならなくなる．したがって公理3の恒真性は有限の立場からは判定不能である．

このように，対象変数の変域が有限集合である場合は「有限の立場」で「証明を分析すること」ができ，ヒルベルトの有限の立場に基づく証明論の範疇にとどまるが，対象変数の変域が無限集合になると「有限の立場」を超える議論が必要になる．

有限の立場すなわち直観主義の論理を超えて，真理概念に関しこのような無限領域に対する「排中律」(the law of the excluded middle) が有効であり，かつ公理1における変数 $x$ への無限個の値の付与に対し $A(x)$ が真であるか否かが判定できると仮定しよう．このような述語論理を「集合論的な述語論理」と呼ぶ．これに対し前章までにおいて考察した有限の立場で議論される述語論理を「有限の立場における述語論理」という．もちろんここで言う「集合論的な」という形容詞は「真理概念」という解釈に関する用語であり，形式的体系としての「述語論理」は両者について同一であることを注意する．したがって「述語論理の定理式である」という事柄は「集合論的述語論理」において考えるか「有限の立場における述語論理」において考えるかにはよらない．

集合論的述語論理においては上記の公理1および3が無限対象領域に対しても恒真であることが言える．このように真理概念を無限領域にまで拡張するとき，前章の定理5.2は以下のように拡張される．

定理 **6.1** 任意に与えられた対象領域 $R$ (無限でも有限でもよい) に対し，述語論理の定理式は $R$ において恒真式である．

構造の概念を用いればこの定理は命題論理の場合と同様以

74    第6章 述語計算の完全性

下のように書き換えられる.

定理 6.2 自然数論に対する任意の構造 $M$ は

$$K = \{A \mid A \text{ は述語論理の定理式である.}\}$$

のモデルとなる.言い換えれば述語論理の定理式は,自然数論の任意の構造 $M$ において真である.

これより以下が従う.

系 6.3 述語論理の命題式が任意に与えられた有限領域において恒真式であっても,それは述語論理の定理式であるとは限らない.

証明[1] 不等号 < を用いて表される命題式 $a < b$ を $\mathcal{L}(a,b)$ と書こう[2].不等号 < に関する公理は以下の二つである.

1. $\forall x \neg \mathcal{L}(x,x)$.

2. $\forall x \forall y \forall z \left[ (\mathcal{L}(x,y) \land \mathcal{L}(y,z)) \Rightarrow \mathcal{L}(x,z) \right]$.

このとき不等号 < を自然数の通常の大小関係と解釈すると

$$\forall x \exists y \mathcal{L}(x,y)$$

すなわち

$$\forall x \exists y (x < y)$$

は自然数の領域 $\mathbb{N} = \{0,1,2,\ldots\}$ においては成り立つが,有限個の自然数の領域 $R_k = \{0,\ldots,k-1\}$ においては成り立たない.

---
[1] Hilbert and Bernays, Grundlagen der Mathematik, Springer, 1934.
[2] 自然数論において $\mathcal{L}(a,b)$ は $\exists u (u \neq 0 \land b = a + u)$ によって定義される.

このことより以下の命題式

$$(\forall x \neg \mathcal{L}(x,x)) \wedge$$
$$(\forall x \forall y \forall z \, [(\mathcal{L}(x,y) \wedge \mathcal{L}(y,z)) \Rightarrow \mathcal{L}(x,z)]) \wedge$$
$$(\forall x \exists y \mathcal{L}(x,y)) \tag{6.1}$$

は任意の $k=1,2,\ldots$ に対し自然数の有限領域 $R_k = \{0,1,\ldots, k-1\}$ においては満たされないが, 自然数の領域 $\mathbb{N} = \{0,1,2, \ldots\}$ においては恒真式となる. よって式 (6.1) を $P$ と書くとき, その否定 $\neg P$ は任意の $k=1,2,\ldots$ に対し有限領域 $R_k$ において恒真式となるが, 自然数の領域 $\mathbb{N}$ においては充足不可能である. したがって定理 6.1 により命題式 $\neg P$ は述語論理の定理式ではない. □

## 6.2 述語論理の完全性

以下第 3 章の第 3.4 節と同様に理論 $T$ を自然数論等の述語論理を含む公理論的理論とする.

**定理 6.4** (1 階述語論理に対する拡張された Gödel の完全性定理) $K$ を理論 $T$ の命題式の集合とする. $K$ が理論 $T$ に関し整合的であれば $K$ は対象領域を $\mathbb{N}$ とするモデルを持つ.

**証明** ここでは $K$ が有限集合の場合を示す[3]. 有限集合 $K$ が整合

---

[3] $K$ が命題式の無限集合の場合に定理 6.4 が示されれば定理 3.5 と併せていわゆる compactness theorem「理論 $T$ の命題式の集合 $K$ の任意の有限部分集合がモデルを持てば $K$ はモデルを持つ」が言えるが, これはメタのレベルで, 選択公理を含む一般の集合論を使えると仮定した上で以下の議論が無限集合 $K$ に対し示される場合のことである. このような一般の場合についてはたとえば A. Robinson, Introduction to Model Theory and to the Metamathematics of Algebra, North-Holland Publishing Company, Amsterdam, 1965 の 1.5 節などを参照されたい. ここでは Kleene 前掲書 §72 に従った.

的であるとする. $K$ は有限集合だから $K = \{G_1, G_2, \ldots, G_k\}$ $(0 \leq k < \infty)$[4]と書ける. $K$ が理論 $T$ に関し整合的だから $K$ の式の連言 (conjunction) $G = G_1 \wedge G_2 \wedge \cdots \wedge G_k$ も $T$ に関し整合的である.

$G$ に現れる相異なる自由変数のすべてを $x_1, \ldots, x_n$ とし $G$ の閉包

$$\forall x_1 \ldots \forall x_n(G)$$

を取ると述語論理の公理と推論規則を用いればこれは

$$G \vdash \forall x_1 \ldots \forall x_n(G) \quad \text{および} \quad \forall x_1 \ldots \forall x_n(G) \vdash G$$

を満たすことが言える. したがって最初から $G$ は閉包の形をしていると仮定してよい.

命題式 $G$ は同値変形により量化子がすべて式の先頭にある形に書ける[5]. たとえば $G$ が述語変数 $\mathcal{A}_1(x_1, x_2)$, $\mathcal{A}_2(x_3)$, $\mathcal{A}_3(x_4)$ に対し

$$\forall x_1(\exists x_2 \mathcal{A}_1(x_1, x_2) \wedge \forall x_3 \neg (\mathcal{A}_2(x_3) \Rightarrow \forall x_4 \mathcal{A}_3(x_4)))$$

(6.2)

の形をしていればこれは

$$\forall x_1 \exists x_2 \forall x_3 \exists x_4 (\mathcal{A}_1(x_1, x_2) \wedge (\mathcal{A}_2(x_3) \wedge \neg \mathcal{A}_3(x_4)))$$

(6.3)

に同値である. 式 (6.3) を式 (6.2) の prenex normal form と呼ぶ. したがって式 $G$ は最初から prenex normal form をしていると仮定してよい.

---

[4] $k = 0$ の場合 $K = \emptyset$.
[5] このような形の式を prenex normal formula と言う.

## 6.2. 述語論理の完全性

理論 $T$ の公理系に式 $G$ を加えた形式的体系を $T_0$ と書くと $T_0$ は整合的である. このとき $G$ が対象領域を $\mathbb{N}$ とするモデル $M$ を持つことを示せばよい.

式 $G$ には自由変数は現れないが述語変数は現れる. 以下式 $G$ として式 (6.3) を例にとって議論するが, 一般の場合も同様である. このとき (6.3) の量化子の内側にある式

$$\mathcal{A}_1(x_1, x_2) \wedge (\mathcal{A}_2(x_3) \wedge \neg \mathcal{A}_3(x_4))$$

を $G^\circ$ と書くことにする. これは自由変数 $x_1, x_2, x_3, x_4$ および述語変数 $\mathcal{A}_1, \mathcal{A}_2, \mathcal{A}_3$ を持つ. これを

$$\begin{aligned} G^\circ &= G^\circ(x_1, x_2, x_3, x_4, \mathcal{A}_1, \mathcal{A}_2, \mathcal{A}_3) \\ &= \mathcal{A}_1(x_1, x_2) \wedge (\mathcal{A}_2(x_3) \wedge \neg \mathcal{A}_3(x_4)) \end{aligned} \tag{6.4}$$

と表す. すると $G$ は

$$G = \forall x_1 \exists x_2 \forall x_3 \exists x_4 G^\circ(x_1, x_2, x_3, x_4, \mathcal{A}_1, \mathcal{A}_2, \mathcal{A}_3) \tag{6.5}$$

と書ける.

この式 $G$ が対象領域を $\mathbb{N}$ とするモデル $M$ を持つことすなわち $G$ が $\mathbb{N}$ において充足可能であることの意味は以下のようになる.

「式 $G$ が $\mathbb{N}$ において充足可能である」の意味:
任意の自然数 $\bar{x}_1$ に対しある自然数 $\bar{x}_2(x_1)$ が存在して任意の自然数 $\bar{x}_3$ に対しある自然数 $\bar{x}_4(x_1, x_3)$ が存在して式

$$\begin{aligned} &G^\circ(\bar{x}_1, \bar{x}_2(x_1), \bar{x}_3, \bar{x}_4(x_1, x_3), \mathcal{A}_1, \mathcal{A}_2, \mathcal{A}_3) \\ &= \mathcal{A}_1(\bar{x}_1, \bar{x}_2(x_1)) \wedge (\mathcal{A}_2(\bar{x}_3) \wedge \neg \mathcal{A}_3(\bar{x}_4(x_1, x_3))) \end{aligned} \tag{6.6}$$

の $\mathcal{A}_1, \mathcal{A}_2, \mathcal{A}_3$ にある述語 $P_1, P_2, P_3$ を代入した

$$P_1(\bar{x}_1, \bar{x}_2(x_1)) \land (P_2(\bar{x}_3) \land \neg P_3(\bar{x}_4(x_1, x_3))) \tag{6.7}$$

が真である.

式 (6.6) においては各自由変数の値は定まっているから, これの述語変数 $\mathcal{A}_1, \mathcal{A}_2, \mathcal{A}_3$ を特定の述語として (6.6) が真と言うことは $\mathcal{A}_1(\bar{x}_1, \bar{x}_2(x_1)), \mathcal{A}_2(\bar{x}_3), \mathcal{A}_3(\bar{x}_4(x_1, x_3))$ のおのおのをそれぞれ独立した命題変数 $\mathcal{A}_1, \mathcal{A}_2, \mathcal{A}_3$ と見なした命題論理の命題式

$$\mathcal{A}_1 \land (\mathcal{A}_2 \land \neg \mathcal{A}_3) \tag{6.8}$$

が命題論理において充足可能であることと同値である.

式 (6.6) において各自由変数の値の組 $(\bar{x}_1, \bar{x}_2(x_1), \bar{x}_3, \bar{x}_4(x_1, x_3))$ は総数で可算無限個あるからそのおのおのに対し $\mathcal{A}_1(\bar{x}_1, \bar{x}_2(x_1)), \mathcal{A}_2(\bar{x}_3), \mathcal{A}_3(\bar{x}_4(x_1, x_3))$ の取りうる命題変数は異なる. したがって式 (6.6) に対応する命題論理の式 (6.8) は可算無限個存在する. それら全部のなす集合を $\mathcal{G}_0$ と書く. このとき式 $G$ が充足可能とは $\mathcal{G}_0$ の元である命題論理の式 $A$ のすべてが命題論理の命題変数へのある真理値の付与に対し同時に真であることである.

この $\mathcal{G}_0$ の元である命題論理の式をすべて命題論理の公理に加えても命題論理の整合性は崩れない. すなわち $\mathcal{G}_0$ は命題論理に関し整合的である. なぜなら $\mathcal{G}_0$ の式を加えて矛盾するとすると, 命題論理は整合的であるから矛盾命題は $\mathcal{G}_0$ の元である命題式 $A$ から導かれる. しかし $A$ は本来式 (6.6) のうちの一つであるから, $A$ から命題論理において矛盾が導かれれば述語論理におけるもとの形の $G$ 自身から, 述語論理において矛盾が生ずることになって, $T_0$ が整合的という仮定に反する.

## 6.2. 述語論理の完全性

したがって $\mathcal{G}_0$ が命題論理に関し整合的であるとき, $\mathcal{G}_0$ に属する命題論理の式のすべてが命題論理の命題変数へのある真理値の付与に対し同時に真であることを示せばよい. $\mathcal{G}_0$ の式に現れる命題変数のすべてを $\mathcal{P}_\ell$ ($\ell=0,1,2,\ldots$) とする. この各 $\mathcal{P}_\ell$ は式 (6.6) の中の $\mathcal{A}_1(\bar{x}_1, \bar{x}_2(x_1))$, $\mathcal{A}_2(\bar{x}_3)$, $\mathcal{A}_3(\bar{x}_4(x_1,x_3))$ であり, これらはそれぞれに現れる自然数 $\bar{x}_1$, $\bar{x}_2(x_1)$, $\bar{x}_3$, $\bar{x}_4(x_1,x_3)$ が可算無限個の組み合わせを取りうるから, $\mathcal{P}_\ell$ は可算無限個存在する. そのおのおのに以下のように真理値をあてがう.

命題論理において $\mathcal{G}_0 \vdash \mathcal{P}_0$ のとき式 $\mathcal{Q}_0$ を $\mathcal{P}_0$ とする. そうでないとき $\mathcal{Q}_0$ を $\neg \mathcal{P}_0$ とする. そして $\mathcal{G}_0$ に $\mathcal{Q}_0$ を加えたものを $\mathcal{G}_1$ とすると, $\mathcal{G}_1$ は命題論理に関し整合的である.

実際 $\mathcal{G}_0 \vdash \mathcal{P}_0$ のときは $\mathcal{Q}_0$ は $\mathcal{P}_0$ であるから $\mathcal{G}_1$ は命題論理に関し整合的である. $\mathcal{G}_0 \vdash \mathcal{P}_0$ でないとき, $\mathcal{G}_1$ が命題論理に関し矛盾すると仮定する. すなわちある命題論理の式 $F$ に対し $\mathcal{G}_1 \vdash F$ かつ $\mathcal{G}_1 \vdash \neg F$ と仮定する. するとこれは $\mathcal{G}_0, \neg \mathcal{P}_0 \vdash F$ かつ $\mathcal{G}_0, \neg \mathcal{P}_0 \vdash \neg F$ を意味する. これより命題論理の公理10を用いて議論すれば $\mathcal{G}_0 \vdash \neg\neg \mathcal{P}_0$ が得られ, したがって $\mathcal{G}_0 \vdash \mathcal{P}_0$ となり, $\mathcal{G}_0 \vdash \mathcal{P}_0$ でないという仮定に矛盾する. よって $\mathcal{G}_1$ は命題論理に関し整合的である.

以下同様に $\mathcal{G}_k \vdash \mathcal{P}_k$ のとき $\mathcal{Q}_k$ を $\mathcal{P}_k$ とし, そうでないとき $\mathcal{Q}_k$ を $\neg \mathcal{P}_k$ とする. そして $\mathcal{G}_k$ に $\mathcal{Q}_k$ を加えたものを $\mathcal{G}_{k+1}$ とすると $\mathcal{G}_{k+1}$ は整合的になる. こうしてすべての $k \geq 0$ に対し $\mathcal{Q}_k$ が定義できる. このとき $\mathcal{Q}_k$ が $\mathcal{P}_k$ であれば $\mathcal{P}_k$ の真理値を1とし, $\mathcal{Q}_k$ が $\neg \mathcal{P}_k$ のときは $\mathcal{P}_k$ の真理値を0とする.

この付値により $\mathcal{Q}_k$ ($k=0,1,2,\ldots$) はすべて真理値1を取る. さらに $\mathcal{G}_0$ の元である命題論理の式もすべて真理値1を取

る．実際 $A$ を $\mathcal{G}_0$ の式とし，$A$ の真理値が 0 と仮定して矛盾を導こう．このとき $A$ に現れる命題変数のすべて (上の例では式 (6.6) の中の $\mathcal{A}_1(\bar{x}_1, \bar{x}_2(x_1)), \mathcal{A}_2(\bar{x}_3), \mathcal{A}_3(\bar{x}_4(x_1, x_3)))$ は定義より $\mathcal{P}_0, \mathcal{P}_1, \ldots$ のうちの一つである．それらのすべてを $\mathcal{P}_{k_1}, \ldots, \mathcal{P}_{k_m}$ とする．そして式 $A \wedge \mathcal{Q}_{k_1} \wedge \cdots \wedge \mathcal{Q}_{k_m}$ を作りそれを $B$ と書く．このとき $k = \max\{k_1, \ldots, k_m\} + 1$ とおくと，$A, \mathcal{Q}_{k_1}, \ldots, \mathcal{Q}_{k_m}$ はすべて $\mathcal{G}_k$ に属するから $\mathcal{G}_k \vdash B$ である．$A$ の真理値は 0 と仮定しており，$\mathcal{Q}_{k_1}, \ldots, \mathcal{Q}_{k_m}$ の真理値はすべて 1 であるから，$B$ の真理値も 0 である．以上の議論は $A$ に現れる全命題変数 $\mathcal{P}_{k_1}, \ldots, \mathcal{P}_{k_m}$ のおのおのの真理値がどちらの値を取る場合も成り立つから $B$ の真理値は恒等的に 0 である．ゆえに $\neg B$ は命題論理の恒真式であり，第 4 章の定理 4.2 より $\neg B$ は命題論理の定理式である．とくに $\mathcal{G}_k \vdash \neg B$ である．他方 $\mathcal{G}_k \vdash B$ であったから $\mathcal{G}_k$ が命題論理に関し整合的であることに矛盾する．したがって $\mathcal{G}_0$ の任意の式 $A$ の真理値は 1 であることが言えた．

以上より命題変数 $\mathcal{P}_\ell$ ($\ell = 0, 1, 2, \ldots$) への上述の真理値の付与に対し $\mathcal{G}_0$ の元である命題論理の式 $A$ のすべての真理値は 1 となり，式 $G$ が充足可能なことが示された． □

この証明において有限の立場を超えている点は命題変数 $\mathcal{P}_\ell$ は可算無限個あり，これらに対し $\mathcal{G}_k \vdash \mathcal{P}_k$ か否かを判定することは 6.1 節で述べたと同様の無限に関するある操作性を仮定して初めて可能になるという点のみである．

**定理 6.5** (1 階述語論理に対する Gödel の完全性定理 (1930))
述語論理の命題式 $H$ が自然数の領域 $\mathbb{N} = \{0, 1, 2, \ldots\}$ において恒真式ならそれは述語論理の定理式である．

## 6.2. 述語論理の完全性

証明 $H$ が $\mathbb{N}$ において恒真式とすると $\neg H$ は $\mathbb{N}$ において充足可能でない．すなわち $\neg H$ は対象領域を $\mathbb{N}$ とするモデルを持たない．したがって定理 6.4 により $\neg H$ は述語論理 $T$ に関し整合的でない．これは $T$ のある式 $F$ に対し $T$ において $\neg H \vdash F$ かつ $\neg H \vdash \neg F$ を意味する．これに命題論理の公理 10 を用いて $\vdash \neg\neg H$ すなわち $\vdash H$ が言える． □

定理 6.1 と定理 6.5 をまとめれば命題論理の場合の定理 4.6 に対応して以下の定理が得られる．

**定理 6.6** 述語論理の命題式 $A$ が定理式であることはそれが自然数の領域 $\mathbb{N}$ において恒真式であることと同値である[6]．

あるいはモデルという言葉で表せば以下のようになる．

**定理 6.7** 述語論理の命題式 $A$ が定理式であることは，$A$ が自然数論の任意の構造 $M$ をモデルとすることと同値である．

第 3 章の定理 3.5 と本章の定理 6.4 より以下が得られる．$T$ は前述の通り自然数論等の述語論理を含む公理論的理論とする．

**定理 6.8** $K$ を理論 $T$ の命題式の集合とする．$K$ が整合的であることと $K$ がモデルを持つことは同値である．

**注意** これは $K$ が命題式の無限集合の場合も成り立つが本書では定理 6.4 の証明で制限したように $K$ が有限集合の場合の証明のみを与えた．一般の場合は脚注 3 で述べたようにメタのレベルで通常の集合論を用いる必要がある．すなわち $K$ が

---

[6] 系 6.3 で見たように述語論理の定理式であるという事柄は有限対象領域のみを用いる意味付けによっては特徴づけられない．完全性定理は述語論理の定理式は自然数という無限対象領域を用いた「意味付け」によって特徴づけられることを示している．

## 82　第6章　述語計算の完全性

有限集合の場合，定理 6.4 はその証明の後で注意したように有限の立場を「ほんの少し超える」方法で示されたが，$K$ が一般の無限集合の場合を議論するにはメタのレベルで集合論を使う必要がある[7]．

**定理 6.9** $K$ を理論 $T$ の命題式の集合，$H$ を $T$ の命題式とする．$H$ が $K$ の任意のモデルにおいて定義され且つ真であるとする．このとき $H$ は $K$ のある有限部分集合 $J$ から導出可能である．すなわち $T$ において $J \vdash H$ が成り立つ．

**証明** $H$ が $K$ のいかなる有限部分集合 $J = \{L_1, \ldots, L_n\}$ からも導出可能でないと仮定する．すると

$$(L_1 \land L_2 \land \cdots \land L_n) \land \neg H \tag{6.9}$$

は $T$ に関し整合的である．実際整合的でなければこの式を $T$ の公理系に加えると矛盾が生ずるからこの式の否定

$$(L_1 \land L_2 \land \cdots \land L_n) \Rightarrow H$$

が $T$ において証明可能となる．これより $T$ において $J \vdash H$ が言え，上の仮定に反する．

$K$ の任意の有限部分集合 $J = \{L_1, \ldots, L_n\}$ に対し式 (6.9) が $T$ に関し整合的であれば，$K \cup \{\neg H\}$ は $T$ に関し整合的である．したがって定理 6.4 より $K \cup \{\neg H\}$ はモデル $M$ を持つ．これは $K$ のモデル $M$ において $\neg H$ が真であることを意味する．これは定理の仮定に反する． □

---

[7] 一般には形式的体系に非可算無限個の定数記号ないし個体記号等がある場合を考察する必要がある．

## 6.3 Löwenheimの定理

**定理 6.10** (Löwenheimの定理(1915)) 述語論理の命題式 $H$ がある空でない対象領域 $R$ において充足可能ならば，$H$ は自然数の領域 $\mathbb{N}$ においても充足可能である．(Löwenheim-Skolemの定理とも呼ぶ[8]．)

**証明**[9] $H$ がある対象領域 $R \neq \emptyset$ において充足可能ならば，$\neg H$ は $R$ において恒真ではない．したがって定理6.1により，$\neg H$ は述語論理の定理式ではない．ゆえに上の定理6.5より $\neg H$ は自然数の領域 $\mathbb{N}$ において恒真式ではない．すなわち $H$ は領域 $\mathbb{N}$ において充足可能である． □

この定理を公理論的集合論 $S$ に適用してみよう．集合論では一般に非可算集合の存在が論じられている．他方集合論は形式的体系として述語論理の体系に集合論の原始記号 $=$ と $\in$ およびいくつかの公理を加えて得られる．したがって上のLöwenheimの定理が集合論にも適用され，集合論の定理は可算領域 $\mathbb{N}$ において充足可能である．すなわち可算個の元を持ったモデルを持つ．したがって集合論内でカントールの対角線論法により存在を証明された非可算集合は可算領域 $\mathbb{N}$ に「含まれてしまう」ように思われる．

これは Skolem のパラドクスとして知られているものである．しかしこれは以下の意味でパラドクスではない．すなわち形式的公理論において行うことができることは集合の高々

---

[8] Skolem (1920) は Löwenheim の定理を「可算個の命題式 $H_0, H_1, H_2, \ldots$ が $R \neq \emptyset$ において同時に充足可能ならそれらは $\mathbb{N}$ においても同時に充足可能である」と拡張した．

[9] Löwenheim のもとの証明は集合論の選択公理を用いて行われた．以下に述べる Gödel の定理を用いた証明は定理6.4の後の注意のように有限の立場を超える無限に関する議論はほぼ最小限に留められている．

可算回の構成操作であり，したがってそれらの操作によって得られる集合は可算領域にモデルを持つ．すなわち形式的体系の構成に沿って集合を構成すると見る限り，構成される集合は操作可能な高々可算な集合である．しかしカントールの議論により構成された「非可算集合」と自然数全体の間の1対1対応は「理論内において」は構成できない．

## 6.4 拡張された述語論理

ここで命題論理の場合と同様[10]述語論理の命題式の閉包という概念を導入する．すなわちたとえば述語論理の命題式

$$\mathcal{A}(a) \Rightarrow (\mathcal{B}(b) \Rightarrow \mathcal{A}(a)) \tag{6.10}$$

が与えられたとする．これは命題論理の公理1の形をしているから述語論理において証明可能な命題である．このとき述語変数 $\mathcal{A}(a), \mathcal{B}(b)$ の対象変数記号 $a, b$ は対象領域 $R$ を自由に動く変数であるからこの式が成り立つと言うことは対象変数に関する閉包式

$$\forall a \forall b (\mathcal{A}(a) \Rightarrow (\mathcal{B}(b) \Rightarrow \mathcal{A}(a)))$$

が成り立つと言うことである．ここでさらに命題論理の場合と同様に述語変数 $\mathcal{A}, \mathcal{B}$ も動かして，それらについて閉包を取ってみよう．するとそれは

$$\forall \mathcal{A} \forall \mathcal{B} \forall a \forall b (\mathcal{A}(a) \Rightarrow (\mathcal{B}(b) \Rightarrow \mathcal{A}(a))) \tag{6.11}$$

---

[10] 第4章の第4.1節参照．

と書ける．式 (6.10) を $\mathcal{A}$ と表し，閉包 (6.11) を命題論理の場合と同様

$$\forall(\mathcal{A})$$

と書くことにしよう．このとき述語変数に関する全称量化子 $\forall \mathcal{A}$ において変数 $\mathcal{A}$ は命題論理の場合は自然数論の命題一般を動く変数と考えた．述語変数が対象変数を持たない命題変数の場合はこれでよいが，対象変数を持つ $\mathcal{A}(a)$ や $\mathcal{A}(a,b)$ 等の場合は，対象変数の動きうる対象領域 $R$ に応じて述語変数の動きうる範囲も異なってくる．

　述語論理はそれが適用される具体的数学的理論に応じ異なるものと考えてよいので，おのおのの具体的理論が考察する対象領域ごとに異なる述語論理が存在すると考えられる．具体的理論が有限群論であり群の位数が $k \geq 1$ なら，述語論理の対象領域 $R$ は濃度 $k$ の有限集合になるであろう．具体的理論が自然数論なら対象領域 $R$ は自然と $\mathbb{N}$ になるであろう．ただし「述語論理」という一般名詞で括られる述語論理はこれらおのおのの述語論理に共通の何らかの「論理」であろう．すなわち「論理」という言葉を用いる限り具体的対象の個数によらないある共通の「論理的な特徴」を抜き出したものであるべきであろう．式 (6.10) は命題論理でも成り立つ命題であった．したがってこれが述語論理でも一般的に成り立つ命題であるということは，全称量化子 $\forall \mathcal{A}$, $\forall \mathcal{B}$ の付いた式 (6.11) は対象領域 $R$ の元の個数 $k$ によらず[11]成り立つと言うことを意味するものであるべきであろう．

　このように解釈すれば式 (6.11) は任意の対象領域 $R$ を持つ

---

[11] もちろん「有限無限の区別によらない」ことも含めて．

## 第6章 述語計算の完全性

任意の述語変数 $\mathcal{A}, \mathcal{B}$ に対し

$$\forall a \forall b (\mathcal{A}(a) \Rightarrow (\mathcal{B}(b) \Rightarrow \mathcal{A}(a)))$$

が成り立つと言うことである．ただし述語変数 $\mathcal{A}$ と $\mathcal{B}$ は考えている各文脈で同じ対象領域に関する述語を変域とするとする．同様に存在量化子 $\exists \mathcal{A}, \exists \mathcal{B}$ 等が定義される．

この上で述語論理の命題式の閉包命題式が成り立つか否かを考察するものを，命題論理の場合と同様拡張された述語論理と呼ぶことにしよう．このとき拡張命題式の真理値を第4.1節の命題論理の場合と同様に直観的に定義すれば命題4.1と平行して以下が言える．

**命題 6.11**

i) 命題式 $A$ の閉包が真であることは $A$ が恒真式であることと同値である．

ii) 命題式 $B$ の閉包が偽であることは命題式 $B$ が恒真式でないことと同値である．

これより4.1節と同様に以下の予測が成り立つことが期待される．

予測1 真理値1の閉包命題式は拡張述語論理の定理であり，真理値0の閉包命題式の否定は拡張述語論理の定理である．

これは命題論理の場合と同様直観的な意味で「拡張述語論理のいかなる命題 $A$ に対しても $A$ または $\neg A$ が定理である」というもとの意味での「完全性」である．以下同様に4.1節の予測2，3と同様の道筋を経て，この期待は

「"集合論的述語論理"の恒真式は
述語論理の定理式である．」

## 6.4. 拡張された述語論理

に帰着される．

この命題は Gödel の完全性定理 6.5 によって肯定的に答えられているものである．したがって以上述べた事柄は，「直観的な意味において」という留保の上でではあるが，「定理 6.5 に代表される意味論的な完全性は述語論理の "完全性" を "含意" している」ことを示していると考えられる．

「有限の立場における述語論理」においてはこのことに対応する事柄は以下の定理として知られている．これは命題論理の定理 4.4 に対応する結果であり，「無限領域での真理値解釈」を経ず，直接的な語の形式的取り扱いのみから示される結果である．

**定理 6.12** 述語論理において証明可能でない式を公理に加えると第 2 章で述べた形式的自然数論は $\omega$-矛盾する．

これは Hilbert-Bernays の完全性定理 (1939) と呼ばれる．ここで自然数論が $\omega$-矛盾 ($\omega$-inconsistent) するとはある変数 $x$ およびある命題式 $A(x)$ に対し

$$A(0), A(1), A(2), \ldots \quad \text{および} \quad \neg \forall x A(x)$$

のすべてが自然数論において証明可能なことを言う．

# 第7章　ゲーデル ナンバリング

　第2章で見たように形式的自然数論 $S$ における項，式，定理はいくつかの記号に有限個の種類の規則を機械的に繰り返し適用して得られた．この構成手順は同じ形の規則を繰り返し適用するものであることから「再帰的 (recursive)」構成ないし「帰納的 (inductive)」構成と呼ばれた．

　他方形式的自然数論 $S$ の中において記述することのできる手順は有限の自然数の演算であり，かつ $S$ においては数学的帰納法の公理が仮定されているから，上述の $S$ の記号に関する再帰的手順は自然数論 $S$ の中の自然数に関する演算に写すことができるであろう．つまり各記号にそれぞれ固定した自然数を割り当てそれらから，項，式，証明列のおのおのに一意的な自然数を対応させる規則が作れるであろう．もしそのような規則が作れれば与えられた式の列が証明列であるという事実を自然数に関する命題に写すことができるであろう．そのような証明列で最後の式が $A$ であるものが存在することが $A$ が証明可能であるということであるから，与えられた式 $A$ が証明可能ということを自然数論 $S$ 内の命題に写して表すことができる．またその否定 $\neg A$ が証明可能 (provable)，すなわち $A$ が反証可能 (refutable) ということも自然数論の命題として表すことができる．このように各原始記号に特定の自然数を割り当て，それらから再帰的に構成される一般の記号列に対する自然数の割り当ての規則をゲーデル ナンバリング (Gödel numbering)

という. この規則により記号列 $E$ に対応させられる自然数を $g(E)$ と書き記号列 $E$ のゲーデル数 (Gödel number) と呼ぶ. ゲーデル数 $n$ を持つ記号列 $E$ を $E_n$ と書く. $E$ が式 $A$ の時は $A_n$ と書く. したがって $n = g(E_n)$, $n = g(A_n)$ 等である. この記号列全体から自然数 $\mathbb{N} = \{0, 1, 2, \ldots\}$ への写像 $g$ は上への写像ではない[1]. つまりある自然数 $m$ に対しては $g(E) = m$ となる記号列 $E$ が存在しない場合もある.

このように体系のシンボル (記号) および記号列に自然数を対応させ, 推論ないし証明列に自然数を対応させることは何ら問題なく行われる. ここで注意すべきことは以上述べた対応付けはメタレベルの記号列を体系内の自然数に写しているように見えるが, この考察の段階では未だメタのレベルの対応付けであるということである. すなわち上述の段階では写像 $g$ はメタレベルの記号列の集合からメタレベルの自然数の全体 $\mathbb{N}$ の中への写像である.

ゲーデルの不完全性定理を証明する際, このようなメタレベルの自然数 $n$ を, 体系内の数

$$\lceil n \rceil = 0 \overbrace{''\cdots'}^{n \text{ factors}} \tag{7.1}$$

に置き換え, 変数 $x$ を持つ式, たとえば $F(x)$ の変数 $x$ に代入したものを

$$F'(\lceil n \rceil)$$

と表す. この代入操作自身はメタレベルでの議論であるが, $n$ に $\lceil n \rceil$ を代入された式は

$$F'(\lceil n \rceil) \stackrel{def}{=} \forall x \, (x = n \Rightarrow F') \tag{7.2}$$

---
[1] つまり全射ではない.

と定義される．ここで右辺の $F$ に変数記号を持った $F(x)$ を用いていないのは式 $F$ が変数を持たない場合も $F(\lceil n \rceil)$ をこれによって定義するという意味である．

式 (7.2) において体系内の式であるはずの $F(\lceil n \rceil)$ の定義においてメタレベルの自然数 $n$ が現れていることに注意しよう．これは上記 (7.1) における体系内の数 $\lceil n \rceil$ の定義においてプライムの個数を指定するためにメタレベルの数 $n$ (0 の右上の $\prime\ldots\prime$ の上の "$n$ factors" における $n$) が現れていることに対応する．「代入」とは必然的にメタのレベルにおける操作であり，如何に自然に見えても何らかの主体による[2]人為的操作なのである．

実際自然数論の体系 $S$ は形式的集合論 $T$ の部分系と見なせるが，この場合 0 という数字は体系 $T$ 内では空集合 $\emptyset$ に対応し，$\lceil 0 \rceil$ は以下のように定義される[3]．

$$\forall x(x = \lceil 0 \rceil \Leftrightarrow \forall u(u \notin x)).$$

そして後者関数 $\prime$ は任意の集合 $m$ に対し

$$m' = m \cup \{m\}$$

と定義すると集合論の中に自然数論を部分系として含むようにできる．形式的自然数論 $S$ においてはメタレベルの数字 0 は「当然」$S$ 内の数字 $\lceil 0 \rceil = 0$ と対応したが，集合論ではこのような「当然」の対応は存在せず，形式的集合論の意味するところに立ち戻って「対応付け」を与えなければならない．

---

[2] すなわちメタレベルの数 $n$ をある主体が認識して初めて $n$ に対応する形式的体系内の数 $\lceil n \rceil$ を構成し代入することが可能なのである．

[3] $A \Leftrightarrow B$ は $(A \Rightarrow B) \wedge (B \Rightarrow A)$ の省略記号である．

## 7.1 自己言及と代入操作

このようにメタレベルの自然数 $n$ に対し対象理論内の自然数 $\lceil n \rceil$ を「代入」する操作は $S$ のメタの議論のモデルを対象理論である自然数論 $S$ の中に作ることに相当し，これは意味論的操作である．この意味付けを行って初めて第1章で述べたゲーデル文

$$G = \text{「}G \text{ は証明できない」}$$

が「自己言及」を行うと見なされ，式 $G$ が

$$G = \text{「いかなる証明列も } G \text{ の証明ではない」}$$

という「意味」を持つのである．

さらに詳しく見るためにたとえばゲーデル文に現れるいわゆる「ゲーデル述語」すなわち

$$R(a, b) = \text{「}a \text{ は式 } A \text{ のゲーデル数であり，}$$
$$b \text{ は } A \text{ の証明のゲーデル数である」}$$

を考えてみる．この場合いわゆる可証性述語すなわち「式 $A$ の証明が存在する」という意味の述語は

$$\exists b \mathbf{R}(a, b)$$

となる．そして「対角化定理」ないし「不動点定理」は以下のように述べられる[4]．

---

[4]たとえば巻末文献 [25], p.88, 定理 6.2 あるいは [26], p.52, 定理 14.2 参照．

## 7.1. 自己言及と代入操作

**定理 7.1** $h(x)$ を $x$ 以外の自由変数を持たない任意の式とするとき

$$\vdash G \Leftrightarrow h(\lceil g \rceil)$$

なる式 $G$ が存在する．ただし $g = g(G)$ は式 $G$ のゲーデル数であり，$\lceil g \rceil$ は $g$ に対応する体系 $S$ 内の形式的自然数である．

上述のゲーデル述語が再帰的に構成されることからゲーデル述語 $R(a, b)$ に対し以下の定理7.3が示される．まず一つの用語を定義する．

**定義 7.2** $R(x_1, \ldots, x_n)$ を $n(\geq 0)$ 項の対象に関する述語ないし関係とする．この述語が自然数論の体系 $S$ において数値的に表現可能[5]であるとは丁度 $n$ 個の自由変数 $u_1, \ldots, u_n$ を持つ $S$ 内のある式 $r(u_1, \ldots, u_n)$ が存在して，任意に与えられた $n$ 個の自然数の組 $x_1, \ldots, x_n$ に対し以下を満たすことをいう．

i) $R(x_1, \ldots, x_n)$ が真であれば $\vdash r(\lceil x_1 \rceil, \ldots, \lceil x_n \rceil)$ が成り立つ．

ii) $R(x_1, \ldots, x_n)$ が偽であれば $\vdash \neg r(\lceil x_1 \rceil, \ldots, \lceil x_n \rceil)$ が成り立つ．

---

[5] これは原語では numeralwise expressible であるがここでは直訳の「数値別に表現可能」ではなく「数値的に表現可能」と意訳した．Gödel の原論文ではこの用語は用いられていない．単に Satz V において「おのおのの再帰的な関係 $R(x_1, \ldots, x_n)$ に対し (自由変数 $u_1, \ldots, u_n$ を持つ) 数論的な $n$-項関係記号式 $r(u_1, \ldots, u_n)$ が存在してすべての自然数の $n$-組 $x_1, \ldots, x_n$ に対し下記の関係 i), ii) (原文では (3), (4) 式) が成り立つ」という意味のことがまとめられているだけである．そして Satz V の直前に「おのおのの再帰的関係が (システムの内的意味において) システム $P$ 内において定義可能である，とこれまで漠然としか定式化できなかった事実は以下の定理によって，$P$ の式の内的意味への関連を考慮することなく，厳密に表現される」と書かれている．

ただし $R(x_1,\ldots,x_n)$ が定まった自然数の組 $x_1,\ldots,x_n$ に対し真か偽かということはメタレベルでの直観的な意味で自然数の組 $x_1,\ldots,x_n$ に関する関係 $R(x_1,\ldots,x_n)$ が真か偽かということである．$x_1,\ldots,x_n$ は定まった自然数の組であるから，述語 $R(x_1,\ldots,x_n)$ が後に述べる意味で再帰的関係ないし述語であれば，有限の立場において $R(x_1,\ldots,x_n)$ が証明されなければその否定 $\neg R(x_1,\ldots,x_n)$ が証明される．

このとき次の定理が成り立つ．

**定理 7.3** 上述のゲーデル述語 $R(a,b)$ は丁度 2 個の自由変数 $a,b$ を持つある式 $r(a,b)$ により $S$ において数値的に表現可能である．すなわち式 $r(a,b)$ に対し以下が成り立つ．

 i) $R(a,b)$ が真であれば $\vdash r(\lceil a\rceil, \lceil b\rceil)$ が成り立つ．

 ii) $R(a,b)$ が偽であれば $\vdash \neg r(\lceil a\rceil, \lceil b\rceil)$ が成り立つ．

したがって定理 7.1 と併せて以下が言えた．

**定理 7.4** 定理 7.3 で得られた $r(a,b)$ を用いて作られる式 $h(a) = \forall b \neg r(a,b)$ に対し

$$\vdash G \Leftrightarrow \forall b \neg r(\lceil g\rceil, b) \tag{7.3}$$

なる式 $G$ が存在する．

ここで定理 7.3 より，式 $h(a) = \forall b \neg r(a,b)$ はただ一つの変数 $a$ を持つ述語

$$\neg \exists b \mathbf{R}(a,b) = \forall b \neg \mathbf{R}(a,b) \tag{7.4}$$

に対応する．述語 (7.4) の意味は「$a = g(A)$ なる式 $A$ の証明は存在しない」であるから，定理 7.4 の式 $G$ の意味は (7.3) より

「いかなる証明列も $G$ の証明ではない」

に対応する．また式 $\neg G$ は (7.3) より

$$\vdash \neg G \Leftrightarrow \exists b\, r(\ulcorner g \urcorner, b) \tag{7.5}$$

を満たすから $\neg G$ の意味は

「ある証明列は $G$ の証明である」

に対応する．

このようにして証明も反証もできないゲーデル式 $G$ が構成されると考えられる[6]．

## 7.2 ゲーデル ナンバリング

それでは具体的にゲーデル ナンバリングを与えてみよう．この「与え方」すなわち写像 $g$ の作り方には無数の方法があり，上記の要請を満たせばどのような $g$ を用いてもよい．ここでは [27] 第 6.3 節による 2 進数をあてがう方法を若干変形

---

[6]証明も反証もできない式 $A$ というとき式 $A$ は自由変数を含まない閉包式の場合を考えている．$A$ が自由変数 $x$ を含む場合は $A = A(x)$ は変数 $x$ の取る値によって真偽が変わり得て，$A(x)$ も $\neg A(x)$ もともに証明出来ない場合があるからである．これは第 4 章冒頭に述べた命題変数が値として取る命題が自由に動く場合と同様の事柄である．

して以下のように各原始記号に2進自然数を対応させる．

| ′ | 0 | ( | ) | { | } | [ | ] | + | · |
|---|---|---|---|---|---|---|---|---|---|
| $2^0$ | $2^1$ | $2^2$ | $2^3$ | $2^4$ | $2^5$ | $2^6$ | $2^7$ | $2^8$ | $2^9$ |

| = | ⇒ | ∧ | ∨ | ¬ | ∀ | ∃ | , |
|---|---|---|---|---|---|---|---|
| $2^{10}$ | $2^{11}$ | $2^{12}$ | $2^{13}$ | $2^{14}$ | $2^{15}$ | $2^{16}$ | $2^{17}$ |

これらより構成される記号列に対して以下のように帰納的にゲーデル数を対応させる．まず空である記号列にはゲーデル数として0を対応させる．すなわちゲーデル数 $x = 0$ の場合対応する記号列 $E_x$ は空であり，この場合対応する記号列は存在しないと考える．このように約束した上で二つの自然数 $n$, $m$ について，$m$ の2進数表示における桁数を $\ell(m)$ とする[7]とき，次の結合積 $\star$ を定義する．

$$n \star m = 2^{\ell(m)} \cdot n + m$$

このようにすれば原始記号の記号列 $A_1, A_2$ のゲーデル数が $g(A_1), g(A_2)$ であるとき，これらを結合した結合列 $A_1 A_2$ のゲーデル数 $g(A_1 A_2)$ を次のように定義することができる．

$$g(A_1 A_2) = g(A_1) \star g(A_2)$$

以前にも注意したようにこの対応 $g$ は1対1対応であるが上への対応ではない．

上の演算 $\star$ を用いて具体的にたとえば0の後者を表す記号列 $(0)'$ のゲーデル数を計算してみよう．まず $(0$ のゲーデル数を計算してみると $($ のゲーデル数は $2^2$ で0のゲーデル数は $2^1$ で

---

[7] $m = 0$ に対しては $\ell(m) = 0$ と約束する．

あるから $n = 2^2 = (100)_2$, $m = 2^1 = (10)_2$ となり $\ell(m) = 2$ となる[8]．したがって記号列 (0 のゲーデル数は

$$n \star m = 2^2 \cdot 2^2 + 2^1 = 2^4 + 2^1 = (10010)_2$$

である．すなわち 2 進数では ( のゲーデル数は 100 となり，0 のゲーデル数は 10 でありこれを左から順に続けて並べれば (0 のゲーデル数 10010 が得られる．同様にして (0) のゲーデル数は 100101000 となり，(0)′ のゲーデル数は 1001010001 となる．

上の原始記号のゲーデル数の定義で変数記号 $a, b, c, \ldots, x, y, z, \ldots$ が入っていないが，これは

$$\begin{aligned} a &\text{ は } (0'), \\ b &\text{ は } (0''), \\ c &\text{ は } (0'''), \\ &\ldots \end{aligned} \quad (7.6)$$

等々とすでに定義した項や式の記号と重複することのないように，原始記号を組み合わせて変数記号を表すことができるからである．以下この記法に従うことにする．

ここで以下の補題が後に重要になる．

**補題 7.5** $a \geq 0$ を自然数とする．このとき $w$ を $w' = 2^a$ となる自然数とすると

$$g(a) = 2^1 \star w \quad (7.7)$$

---

[8] $(10110)_2$ のような右下に 2 が付いた表示は 2 進表現であることを意味する．

である.ただし $w'$ は自然数 $w$ の後者 (すなわち $w' = w+1$) である.

**証明** 自然数 $a \geq 0$ に対応する数項は

$$0 \overbrace{\prime\prime\ldots\prime}^{a \text{ factors}}$$

である.定義より

$$g(0) = 2^1, \quad g(\prime) = 2^0 = (1)_2$$

なので

$$g(a) = g(0 \overbrace{\prime\prime\ldots\prime}^{a \text{ factors}}) = 2^1 \star (\overbrace{11\ldots1}^{a \text{ factors}})_2$$

である.ここで $w' = 2^a$ となる自然数 $w$ は 2 進表現でプライム $\prime$ のゲーデル数 $2^0 = (1)_2$ が $a$ 個並ぶ数である.たとえば $a = 2$ なら $w' = w+1 = 2^a = 2^2 = (100)_2$ なので $w = (11)_2$ となる.したがって $w = (\overbrace{11\ldots1}^{a \text{ factors}})_2$ であり (7.7) が示された.
□

## 7.3 不完全性定理

まず以下の二つの述語を定義する.

**定義 7.6**

1) $G(a,b)$ は以下の意味の述語とする.

> 「ゲーデル数 $a$ を持つ式 $A_a$ は丁度一つの自由変数 $x$ を持ち,ゲーデル数 $b$ を持つ記号列 $E_b$ は $A_a = A_a(x)$ において $x = \lceil a \rceil$ とした式の証明列である[9]」

---
[9] すなわち「記号列 $E_b$ は $A_a(\lceil a \rceil)$ の証明列である.」

## 7.3. 不完全性定理

2) $H(a,b)$ は以下の意味の述語とする.

「ゲーデル数 $a$ を持つ式 $A_a$ は丁度一つの自由変数 $x$ を持ち,ゲーデル数 $b$ を持つ記号列 $E_b$ は $\neg A_a = \neg A_a(x)$ において $x = \lceil a \rceil$ とした式の証明列である[10]」

このとき次が示される.

**定理 7.7** 定義 7.6 の述語 $G(a,b)$, $H(a,b)$ はともにある式 $g(a,b)$, $h(a,b)$ によりそれぞれ $S$ において数値的に表現可能である.

以下ロッサー文と呼ばれる式を定義する.

**定義 7.8** 以下の式のゲーデル数を $q$ とする.

$$\forall b\,(g(a,b) \Rightarrow \exists c(c \leq b \land h(a,c))).$$

すなわち

$$A_q(a) = \forall b\,(g(a,b) \Rightarrow \exists c(c \leq b \land h(a,c))).$$

このとき

$$A_q(\lceil q \rceil) = \forall b\,(g(\lceil q \rceil,b) \Rightarrow \exists c(c \leq b \land h(\lceil q \rceil,c))).$$

ただし,

$$g(\lceil q \rceil, b) = \forall a\,(a = q \Rightarrow g(a,b)),$$
$$h(\lceil q \rceil, c) = \forall a\,(a = q \Rightarrow h(a,c))$$

---
[10] すなわち「記号列 $E_b$ は $A_a(\lceil a \rceil)$ の反証列である.」

である．$A_q(\lceil q \rceil)$ をロッサー文と呼ぶ．

定理 **7.9** (Rosser による拡張された Gödel の不完全性定理) $S$ が整合的と仮定する．このとき $A_q(\lceil q \rceil)$ もその否定 $\neg A_q(\lceil q \rceil)$ もともに $S$ において証明可能でない．

証明 いま $S$ が整合的すなわち無矛盾 (証明可能かつ反証可能な論理式が存在しない) と仮定する．

このとき

$$\vdash A_q(\lceil q \rceil) \text{ in } S \tag{7.8}$$

とし $e$ を $A_q(\lceil q \rceil)$ の証明列のゲーデル数とする．すると $G(a,b)$ の数値的表現可能性により

$$\vdash g(\lceil q \rceil, \lceil e \rceil) \tag{7.9}$$

である．$S$ が無矛盾であるという我々の仮定により

$$\vdash A_q(\lceil q \rceil) \text{ in } S$$

から

「$\vdash \neg A_q(\lceil q \rceil) \text{ in } S$　ではない」

が従う．ゆえに任意の非負整数 $d$ に対し $H(q,d)$ は偽である．特に $H(q,0), \cdots, H(q,e)$ は偽である．よって $H(a,c)$ の数値的表現可能性により

$$\vdash \neg h(\lceil q \rceil, \lceil 0 \rceil), \vdash \neg h(\lceil q \rceil, \lceil 1 \rceil), \cdots, \vdash \neg h(\lceil q \rceil, \lceil e \rceil)$$

## 7.3. 不完全性定理

が得られる．したがって

$$\vdash \forall c(c \leq \lceil e \rceil \Rightarrow \neg h(\lceil q \rceil, c))$$

である．これと (7.9) の $\vdash g(\lceil q \rceil, \lceil e \rceil)$ により

$$\vdash \exists b(g(\lceil q \rceil, b) \land \forall c(c \leq b \Rightarrow \neg h(\lceil q \rceil, c)))$$

である．これは

$$\vdash \neg A_q(\lceil q \rceil) \text{ in } S.$$

と同値となるから仮定 (7.8) と矛盾し $S$ が無矛盾であるという大前提に反する．従って

「$\vdash A_q(\lceil q \rceil)$ in $S$　ではない」

でなければならない．

他方で

$$\vdash \neg A_q(\lceil q \rceil) \text{ in } S \tag{7.10}$$

と仮定する．すると $\neg A_q(\lceil q \rceil)$ の $S$ における証明のゲーデル数 $k$ が存在し $H(q,k)$ は真である．従って $H(a,c)$ の数値的表現可能性により

$$\vdash h(\lceil q \rceil, \lceil k \rceil).$$

これより

$$\vdash \forall b\,(b \geq \lceil k \rceil \Rightarrow \exists c(c \leq b \land h(\lceil q \rceil, c))) \tag{7.11}$$

が言える．$\neg A_q(\lceil q \rceil)$ は $S$ において証明可能と仮定したから我々の大前提「$S$ は無矛盾である」ことから $A_q(\lceil q \rceil)$ の証明は $S$ においては存在しない．よって

$$\vdash \neg g(\lceil q \rceil, \lceil 0 \rceil), \vdash \neg g(\lceil q \rceil, \lceil 1 \rceil), \cdots, \vdash \neg g(\lceil q \rceil, \lceil k \rceil - \lceil 1 \rceil)$$

が成り立つ．ゆえに

$$\vdash \forall b\, (b < \lceil k \rceil \Rightarrow \neg g(\lceil q \rceil, b)).$$

これと (7.11) を併せて

$$\vdash \forall b\, (\neg g(\lceil q \rceil, b) \vee \exists c(c \leq b \wedge h(\lceil q \rceil, c)))$$

となるが，これは次と同値である．

$$\vdash A_q(\lceil q \rceil).$$

これは (7.10) に矛盾し $S$ が無矛盾であるという大前提に反する．従って

「$\vdash \neg A_q(\lceil q \rceil)$ in $S$　ではない」

である．　　　　　　　　　　　　　　　　　　　　　　　□

以上によりロッサー (Rosser) 型のゲーデルの「不完全性定理」が証明された．

したがって定理 7.7 が言えればロッサー型のゲーデルの不完全性定理の証明が完成する．次章以降定理 7.7 の証明を見ていこう．

# 第8章　証明の再帰性

第7章の定理7.7における述語 $G(a,b)$, $H(a,b)$ はそれぞれ

1) $G(a,b)$ は以下の意味の述語である．

   「ゲーデル数 $a$ を持つ式 $A_a$ は丁度一つの自由変数 $x$ を持ち，ゲーデル数 $b$ を持つ記号列 $E_b$ は $A_a = A_a(x)$ において $x = \lceil a \rceil$ とした式の証明列である[1]」

2) $H(a,b)$ は以下の意味の述語である．

   「ゲーデル数 $a$ を持つ式 $A_a$ は丁度一つの自由変数 $x$ を持ち，ゲーデル数 $b$ を持つ記号列 $E_b$ は $\neg A_a = \neg A_a(x)$ において $x = \lceil a \rceil$ とした式の証明列である[2]」

により定義された．

これらの述語がそれぞれ式 $g(a,b)$, $h(a,b)$ によって自然数論の体系 $S$ において数値的に表現可能であるとは以下が成り立つことであった．

1)    i) $G(a,b)$ が真であれば $\vdash g(\lceil a \rceil, \lceil b \rceil)$ が成り立つ．

   ii) $G(a,b)$ が偽であれば $\vdash \neg g(\lceil a \rceil, \lceil b \rceil)$ が成り立つ．

2)    i) $H(a,b)$ が真であれば $\vdash h(\lceil a \rceil, \lceil b \rceil)$ が成り立つ．

   ii) $H(a,b)$ が偽であれば $\vdash \neg h(\lceil a \rceil, \lceil b \rceil)$ が成り立つ．

---
[1] すなわち「記号列 $E_b$ は $A_a(\lceil a \rceil)$ の証明列である．」
[2] すなわち「記号列 $E_b$ は $\neg A_a(\lceil a \rceil)$ の証明列である．」

たとえば $G(a,b)$ に対し i), ii) が成り立つ式 $g(a,b)$ を作るには $G(a,b)$ の意味内容の分析を行い，与えられた記号列 $E_b$ が式 $A_a(\lceil a \rceil)$ の証明列であるか否かを判定できるようにしなければならない．記号列 $E_b$ も式 $A_a(\lceil a \rceil)$ もともに再帰的に定義されるから $E_b$ が $A_a(\lceil a \rceil)$ の証明列であるか否かは実際再帰的に判定されると期待される．以下これが正しいことを見ていこう．

そのために自然数論の形式的体系 $S$ の項，式，証明列の構成をすべて基本的な再帰的手順から構成的に書き出すことが必要である．その上で「与えられた記号列 $E_b$ が $A_a(\lceil a \rceil)$ の証明列である」という事柄を再帰的に判定できるように書き表す．

このことができればゲーデル ナンバリングにより項，式，証明列のおのおのに一意的な自然数を対応させる規則が与えられているから，これらの基本的な再帰的手順を自然数論 $S$ の中の自然数に関する演算に写すことができる．このようにして「与えられた記号列 $E_b$ が $A_a(\lceil a \rceil)$ の証明列である」という事柄を自然数論 $S$ の中の命題として表すことができる．そのような証明列で最後の式が $A_a(\lceil a \rceil)$ であるものが存在することが $A_a(\lceil a \rceil)$ が証明可能であるということであるから，式 $A_a(\lceil a \rceil)$ が証明可能ということを自然数論内の命題に写して表すことができる．$H(a,b)$ についての「記号列 $E_b$ が $A_a(\lceil a \rceil)$ の反証列である」すなわち「記号列 $E_b$ が $\neg A_a(\lceil a \rceil)$ の証明列である」という事柄も同様に自然数論の中の命題として表すことができるから，式 $A_a(\lceil a \rceil)$ が反証可能ということも自然数論内の命題として表すことができる．

## 8.1 再帰的関数

これまで再帰的 (recursive) とはおおまかに帰納的 (inductive) ということと同じ意味合いであると述べてきた．本節では再帰性という事柄をきちんと定義しよう．本書では数論的関数とは自然数 N 内に定義域を持ち N 内に値域を持つ関数のことを意味する．

**定義 8.1** 数論的関数 $\phi(x_1, x_2, \ldots, x_n)$ が数論的関数 $\psi(x_1, x_2, \ldots, x_{n-1})$ および $\chi(x_1, x_2, \ldots, x_{n+1})$ に関し再帰的に定義されているとは任意の自然数 $x_2, \ldots, x_n, k$ に対し[3]以下が成り立つことである．

i) $\phi(0, x_2, \ldots, x_n) = \psi(x_2, \ldots, x_n)$.

ii) $\phi(k+1, x_2, \ldots, x_n)$
$= \chi(k, \phi(k, x_2, \ldots, x_n), x_2, \ldots, x_n)$.

この定義はゲーデルの原論文に従ったものである．後にクリーネ等によりより精密な定義が以下のように与えられた．ゲーデルの原論文では以下の条件のうち上に述べなかった条件は「再帰的関数」の定義に組み入れられているが，以下に述べる部分関数の概念が明示的に述べられていなかった．

**定義 8.2** 以下の I) から III) によって定義される関数から出発して以下の IV) ないし V) のいずれかの式ないしそれらの有限個の組み合わせを繰り返し適用して定義される関数 $\phi$ は原始

---
[3]自然数とは本書では 0 を含む．すなわち自然数全体 N とは N = $\{0, 1, 2, \ldots\}$ のことである．

再帰的関数 (primitive recursive function) と呼ばれる．ただし $n, m \geq 1$ は整数で，$i$ は $1 \leq i \leq n$ なる整数であり，$q$ は自然数である．また $\psi, \chi, \chi_1, \ldots, \chi_m$ はそれぞれに示された個数の変数を持つ数論的関数である．

I) $\phi(x) = x'$.

II) $\phi(x_1, \ldots, x_n) = q$.

III) $\phi(x_1, \ldots, x_n) = x_i$.

IV) $\phi(x_1, \ldots, x_n)$
$= \psi(\chi_1(x_1, \ldots, x_n), \ldots, \chi_m(x_1, \ldots, x_n))$.

V) 1) $n = 1$ の場合

$$\phi(0) = q, \quad \phi(k+1) = \chi(k, \phi(k)).$$

2) $n \geq 2$ の場合

i) $\phi(0, x_2, \ldots, x_n) = \psi(x_2, \ldots, x_n)$.
ii) $\phi(k+1, x_2, \ldots, x_n)$
$= \chi(k, \phi(k, x_2, \ldots, x_n), x_2, \ldots, x_n)$.

集合論的自然数論においては自然数 $n(\geq 0)$ は，0 は空集合 $\emptyset$ と定義し，1 は 0 のみよりなる単元集合 $\{0\}$ とし，2 は 0 と 1 のみを元とする集合 $\{0, 1\}$ と定義し，以下同様に $n = \{0, 1, \ldots, n-1\}$ と一般の自然数 $n$ を定義する．したがって $n \geq 0$ を自然数とするとき $n$ 未満の自然数 $0, 1, \ldots, n-1$ に対し関数 $F$ が定義されていれば定義域を自然数 $n = \{0, 1, \ldots, n-1\} \in \mathbb{N}$ に制限した関数 $F|n$ が定義される．このときある自然数上の

## 8.1. 再帰的関数

関数 $G$ が与えられていれば自然数 $\mathbb{N}$ 上定義された関数 $F$ を再帰的に

$$F(n) = G(n, F|n)$$

と構成できる. 一般にこのように構成される関数 $F$ を再帰的関数と呼ぶ. 上の定義がこの形に書けることは容易にわかるであろう[4].

再帰性 (recursiveness) という言葉は計算科学の方で 19 世紀から使われてきた言葉であった. これを数学的に取り上げ定義を与えたのは Gödel の論文が最初であろう. このように再帰的関数は数学的帰納法により定義される関数である. 上に述べた原始再帰的関数の定義は以下のような関数は含んでいないことに注意しよう[5].

$$\Phi(m, 0) = m + 1,$$
$$\Phi(0, n + 1) = \Phi(1, n),$$
$$\Phi(m + 1, n + 1) = \Phi(\Phi(m, n + 1), n).$$

これによれば

$$\Phi(m, 0) = m + 1,$$
$$\Phi(1, 1) = \Phi(\Phi(0, 1), 0) = \Phi(\Phi(1, 0), 0) = \Phi(2, 0) = 3,$$
$$\Phi(2, 1) = \Phi(\Phi(1, 1), 0) = \Phi(3, 0) = 4,$$
$$\Phi(3, 1) = \Phi(\Phi(2, 1), 0) = \Phi(4, 0) = 5,$$

...

---

[4] 確かめてみられたい.
[5] Rósza Péter による.

$$\Phi(m,1) = \Phi(\Phi(m-1,1),0) = m+2,$$
$$\Phi(m,2) = 2(m+3) - 3,$$
$$\Phi(m,3) = 2^{(m+3)} - 3,$$
$$\Phi(m,4) = 2^{2^{\cdots^2}} - 3 \quad (m+3 \text{ exponents})$$

となる．したがって

$$\Phi(0,0) = 1,$$
$$\Phi(1,1) = 3,$$
$$\Phi(2,2) = 7,$$
$$\Phi(3,3) = 61,$$
$$\Phi(4,4) = 2^{2^{2^{2^{2^{2^{2^2}}}}}},$$
$$\cdots$$

となり，関数 $\Phi(m,m)$ は $m$ について非常に早く増大する関数である．

このような場合を含めるため以下の定義を行う．

**定義 8.3** 集合 $A$ 内に定義域を持ち値域を $B$ 内に持つ関数 $f$ が全関数 (total function) であるとは定義域 $\mathcal{D}(f)$ が $A$ に一致することである．$f$ が部分関数 (partial function) であるとは $A$ のある元 $x$ に対し関数値 $f(x)$ が定義されていないことである．

## 8.1. 再帰的関数

**定義 8.4** ($\mu$-作用素) 数論的関数 $\psi(x_1,\ldots,x_n,y)$ に対し

$$\mu y[\psi(x_1,\ldots,x_n,y)=0] = y_0$$
$$\overset{def}{\Leftrightarrow} \psi(x_1,\ldots,x_n,y_0) = 0 \land$$
$$(\forall y < y_0)[\psi(x_1,\ldots,x_n,y) \neq 0] \qquad (8.1)$$

と $\mu$-作用素を定義する.

直観的な意味から見れば, $\mu$-作用素は $\psi(x_1,\ldots,x_n,0)$, $\psi(x_1,\ldots,x_n,1)$, $\psi(x_1,\ldots,x_n,2)$, ... を計算し, そのうちに $\psi(x_1,\ldots,x_n,y) = 0$ となる自然数 $y$ があるかないかを探し, そのようなものがあればその最初の数 $y$ が $y_0 = \mu y[\psi(x_1,\ldots,x_n,y) = 0]$ となる. したがってそのような数 $y$ がなければこの探査は永遠に続きそのような場合の $(x_1,\ldots,x_n)$ に対しては $\mu y[\psi(x_1,\ldots,x_n,y) = 0]$ は定義されない. したがって $\mu$-作用素によって定義される関数は部分関数である可能性がある. このような場合で我々に興味があるのは全関数になる場合である. このとき

VI) $\phi(x_1,\ldots,x_n) = \mu y[\psi(x_1,\ldots,x_n,y) = 0]$

によって新たな数論的全関数 $\phi(x_1,\ldots,x_n)$ が定義される.

**定義 8.5** 数論的全関数 $\phi$ が再帰的関数 (recursive function) であるとは数論的全関数の列 $\phi_1, \phi_2, \ldots, \phi_n$ でその最後の関数 $\phi_n$ が $\phi$ であり, 各関数 $\phi_k$ が I)〜III) の関数かその前のいくつかの関数に対し上記 IV)〜VI) の手続きを適用して定義される[6]場合をいう. このような列 $\phi_1, \phi_2, \ldots, \phi_n$ の長さ $n$ の最小数を関数 $\phi$ の次数 (degree) という.

---
[6] このように定義される関数 $\phi$ を再帰的に定義されるという.

## 8.2 再帰的関係

前節の再帰的関数を用いて再帰的述語ないし関係を定義する.

**定義 8.6** 自然数の間の関係ないし述語 $R(x_1, \ldots, x_n)$ が再帰的 (recursive) であるとはある再帰的全関数 $\phi(x_1, \ldots, x_n)$ が存在して任意の自然数 $x_1, \ldots, x_n$ に対し

$$R(x_1, \ldots, x_n) \Leftrightarrow [\phi(x_1, \ldots, x_n) = 0] \tag{8.2}$$

が成り立つことである.

関数 $x+y$, $x \cdot y$, $x^y$ は再帰的である. また関係 $x = y$ も再帰的関係である.

**定義 8.7** 記号列 $E$, 項 $t, t_1, t_2$ および変数 $x$ に対し以下のように定義する.

1) $t_1 \neq t_2 \stackrel{def}{=} \neg(t_1 = t_2)$.

2) $t_1 \leq t_2 \stackrel{def}{=} \exists x(t_1 + x = t_2)$.

3) $(\forall x \leq t)E \stackrel{def}{=} \forall x(x \leq t \Rightarrow E)$,
   $(\exists x \leq t)E \stackrel{def}{=} \neg(\forall x \leq t)\neg E$.

4) $t_1 < t_2 \stackrel{def}{=} (t_1 \leq t_2) \wedge (t_1 \neq t_2)$.

5) $(\forall x < t)E \stackrel{def}{=} \forall x(x < t \Rightarrow E)$,
   $(\exists x < t)E \stackrel{def}{=} \neg(\forall x < t)\neg E$.

## 8.2. 再帰的関係

記号列 $E$ が再帰的述語を定義すればこれらの関係が再帰的であることは次の定理からわかる.

**定理 8.8**

(1) 述語 $R$ と $S$ が再帰的であれば述語 $\neg R$, $R \wedge S$, $R \vee S$, $R \Rightarrow S$ は再帰的である.

(2) 関数 $\phi(x_1, \ldots, x_n)$ と $\psi(x_1, \ldots, x_n)$ が再帰的であれば関係ないし述語 $\phi(x_1, \ldots, x_n) = \psi(x_1, \ldots, x_n)$ は再帰的である.

(3) 関数 $\phi(x_1, \ldots, x_n)$ と述語 $R(u, y_1, \ldots, y_m)$ が再帰的であれば以下により定義される述語 $S$, $T$ および関数 $\psi$ はともに再帰的である.

  i) $S(x_1, \ldots, x_n, y_1, \ldots, y_m)$
     $\stackrel{def}{=} (\exists u)\,[(u \leq \phi(x_1, \ldots, x_n)) \wedge R(u, y_1, \ldots, y_m)]$,

  ii) $T(x_1, \ldots, x_n, y_1, \ldots, y_m)$
      $\stackrel{def}{=} (\forall u)\,[(u \leq \phi(x_1, \ldots, x_n)) \Rightarrow R(u, y_1, \ldots, y_m)]$,

  iii) $\psi(x_1, \ldots, x_n, y_1, \ldots, y_m)$
       $\stackrel{def}{=} \mu u\,[(u \leq \phi(x_1, \ldots, x_n)) \wedge R(u, y_1, \ldots, y_m)]$.
       ただし右辺の括弧 [ ] 内の条件を満たす最小の数 $u$ が存在しない場合は右辺は 0 であると定義する[7].

---

[7] 右辺の括弧内の条件は $u \leq \phi(x_1, \ldots, x_n)$ を満たす有限個の自然数 $u$ に対し成立するか否かを調べれば条件を満たす数 $u$ が存在するか定まるから, この定義により関数 $\psi$ は全関数になる.

証明[8] (1) と (2) は以下の関数を用いて行う．

$$\alpha(x) = \begin{cases} 1, & (x=0) \\ 0, & (x \neq 0), \end{cases}$$

$$\beta(x,y) = \begin{cases} 0, & (x=0 \vee y=0) \\ 1, & (x \neq 0 \wedge y \neq 0), \end{cases}$$

$$\gamma(x,y) = \begin{cases} 0, & (x=y) \\ 1, & (x \neq y). \end{cases}$$

これらの関数が再帰的であることは再帰関数の定義より直接わかる．$\alpha, \beta, \gamma$ はそれぞれ否定 $\neg$，選言 (disjunction) $\vee$ および等号 = に対応することは上の定義から明らかであるから (1), (2) の証明が終わる．

(3) 仮定よりある再帰的関数 $\rho(u, y_1, \ldots, y_m)$ に対し

$$R(u, y_1, \ldots, y_m) \Leftrightarrow [\rho(u, y_1, \ldots, y_m) = 0]$$

である．いま

$$\begin{aligned} b = &\alpha\left[\alpha(\rho(0, y_1, \ldots, y_m))\right] \\ &\times \alpha\left[\rho(k+1, y_1, \ldots, y_m)\right] \alpha\left[\chi(k, y_1, \ldots, y_m)\right] \end{aligned}$$

とおき，再帰的関数 $\chi$ を上記の手続きの V) の 2) に従って以下のように定義する．

$$\begin{aligned} &\chi(0, y_1, \ldots, y_m) = 0, \\ &\chi(k+1, y_1, \ldots, y_m) \\ &\qquad = (k+1)b + \chi(k, y_1, \ldots, y_m)\alpha(b). \end{aligned}$$

---
[8] ゲーデルの原論文に従う．

## 8.2. 再帰的関係 113

このとき

$$\chi(k+1, y_1, \ldots, y_m) = \begin{cases} k+1, & (b=1) \\ \chi(k, y_1, \ldots, y_m), & (b=0) \end{cases}$$

となる．第一の場合すなわち $b = 1$ が成り立つのは $b$ の定義より以下の場合かつその場合のみである．

$$\neg R(0, y_1, \ldots, y_m) \wedge R(k+1, y_1, \ldots, y_m) \wedge \\ [\chi(k, y_1, \ldots, y_m) = 0].$$

$k_0$ を $R(k_0+1, y_1, \ldots, y_m)$ が成り立つ最小の自然数とすると，$k < k_0$ に対しては $R(k+1, y_1, \ldots, y_m)$ は成り立たないから $b = 0$ である．したがって上の $\chi$ の性質より $k < k_0$ に対しては

$$\chi(k+1, y_1, \ldots, y_m) = \chi(k, y_1, \ldots, y_m)$$

であり，したがって $k \leq k_0$ に対し

$$\chi(k, y_1, \ldots, y_m) = 0$$

である．$k = k_0$ のとき $R(k+1, y_1, \ldots, y_m)$ は成り立つから $b = 1$ となり

$$\chi(k_0+1, y_1, \ldots, y_m) = k_0 + 1$$

となる．したがって $k = k_0 + 1$ に対しては再び $b = 0$ となり

$$\chi(k_0+2, y_1, \ldots, y_m) = \chi(k_0+1, y_1, \ldots, y_m) = k_0 + 1$$

となる．以降同様であるから $k > k_0$ に対しては

$$\chi(k+1, y_1, \ldots, y_m) = k_0 + 1$$

と定数になる．とくに $R(0, y_1, \ldots, y_m)$ が成り立つ場合は常に $b = 0$ であり，したがって任意の自然数 $k \geq 0$ に対し

$$\chi(k, y_1, \ldots, y_m) = 0$$

である．

以上より

$$\psi(x_1, \ldots, x_n, y_1, \ldots, y_m)$$
$$= \chi(\phi(x_1, \ldots, x_n), y_1, \ldots, y_m),$$
$$S(x_1, \ldots, x_n, y_1, \ldots, y_m)$$
$$\Leftrightarrow R(\psi(x_1, \ldots, x_n, y_1, \ldots, y_m), y_1, \ldots, y_m)$$

がいえ，i), iii) の証明が終わる．ii) は否定をとることにより以上と同様に扱える． □

# 第9章　証明の数値的表現

本章以降で第7章で定義した述語 $G(a,b)$, $H(a,b)$ が自然数論の体系 $S$ において数値的に表現可能であることを見てゆく．これを示す際，ゲーデルの原論文では以下の定理を証明し，それを用いて $G(a,b)$, $H(a,b)$ が数値的に表現可能であることを示していた．

定理 **9.1** 任意の再帰的な関係 $R(x_1,\ldots,x_n)$ に対し (自由変数 $u_1,\ldots,u_n$ を持つ) 数論的な $n$-項関係式 $r(u_1,\ldots,u_n)$ が存在してすべての自然数の $n$-組 $x_1,\ldots,x_n$ に対し以下の関係 i), ii) が成り立つ．

i) $R(x_1,\ldots,x_n)$ が真であれば $\vdash r(\lceil x_1 \rceil,\ldots,\lceil x_n \rceil)$ が成り立つ．

ii) $R(x_1,\ldots,x_n)$ が偽であれば $\vdash \neg r(\lceil x_1 \rceil,\ldots,\lceil x_n \rceil)$ が成り立つ．

本書ではこの定理は示さず，直接的に述語 $G(a,b)$, $H(a,b)$ がある式 $g(a,b)$, $h(a,b)$ によって $S$ において数値的に表現可能であることを示す．このように上述のゲーデルの定理 9.1 を用いずに述語 $G(a,b)$, $H(a,b)$ がある式 $g(a,b)$, $h(a,b)$ によって $S$ において数値的に表現可能であることを示すことができるという事実は後に述べる定理 10.2 が述語 $G(a,b)$, $H(a,b)$ の再帰性にかかわらず成り立つことを意味する．このことは第

116　第 9 章　証明の数値的表現

11 章における自然数論 $S^{(0)}$ の無矛盾無限拡大および無矛盾超限無限拡大が述語 $G(a,b)$, $H(a,b)$ の再帰性とは関わりなく可能であることを意味し，第 11 章の議論の正当性を与える．(第 11 章の脚注 3, 4 参照.)

## 9.1　項，式であることの数値的表現

本章では「与えられた記号列 $E_x$ が証明列である」という事柄を数値的に表現することを目標とする．そのため第 7 章に述べたゲーデル ナンバリングの対応表を思い出しておく．

| ′ | 0 | ( | ) | { | } | [ | ] | + | · |
|---|---|---|---|---|---|---|---|---|---|
| $2^0$ | $2^1$ | $2^2$ | $2^3$ | $2^4$ | $2^5$ | $2^6$ | $2^7$ | $2^8$ | $2^9$ |

| = | ⇒ | ∧ | ∨ | ¬ | ∀ | ∃ | , |
|---|---|---|---|---|---|---|---|
| $2^{10}$ | $2^{11}$ | $2^{12}$ | $2^{13}$ | $2^{14}$ | $2^{15}$ | $2^{16}$ | $2^{17}$ |

まずゲーデル数を構成する過程を自然数論の体系内で再帰的に表すことができることを示す．このためには与えられた自然数 $x, y, z$ に対し自然数 $z$ が二つの自然数 $x$ と $y$ の結合 $x \star y$ であることを自然数論の命題式で再帰的に表現できることを示せばよい．第 8 章に述べたように関数 $x+y$, $x \cdot y$, $x^y$ は再帰的関数であり，関係 $x = y$ は再帰的関係であることを思い出しておこう．定義 8.7 および定理 8.8 より以下の命題式の定義 1〜28 はすべて再帰的である．

**1.** $\mathrm{Div}(x, y)$ : $x$ は $y$ の因数である．

$$(\exists z \leq y)\,(x \cdot z = y)$$

## 9.1. 項, 式であることの数値的表現

**2.** $2^{\times}(x)$ : $x$ は 2 の冪である.

$$(\forall z \leq x)\bigl((\mathrm{Div}(z,x) \wedge (z \neq 1)) \Rightarrow \mathrm{Div}(2,z)\bigr)$$

**3.** $y = 2^{\ell(x)}$ : $y$ は $x$ より大きい最小の 2 の冪である.

$$\bigl(2^{\times}(y) \wedge (y > x) \wedge (y > 1)\bigr) \wedge$$
$$(\forall z < y)\neg\bigl(2^{\times}(z) \wedge (z > x) \wedge (z > 1)\bigr)$$

**4.** $z = x \star y$ : $z$ は $x$ と $y$ を $\star$ 演算により結合した数値である.

$$(\exists w \leq z)(z = (w \cdot x) + y \wedge w = 2^{\ell(y)})$$

次に 2 進数表示での数値を分解し, 対応する原始記号列から部分列を取り出す過程を数論的に表す.

**5.** $\mathrm{Begin}(x,y)$ : $x$ は $y$ の 2 進表示において先頭部分の (対応する原始記号列をもつ) 数字列である.

$$x = y \vee \bigl(x \neq 0 \wedge (\exists z \leq y)\,(x \star z = y)\bigr)$$

**6.** $\mathrm{End}(x,y)$ : $x$ は $y$ の 2 進表示において後尾部分の (対応する原始記号列をもつ) 数字列である.

$$x = y \vee \bigl(x \neq 0 \wedge (\exists z \leq y)\,(z \star x = y)\bigr)$$

**7.** $\mathrm{Part}(x,y)$ : $x$ は $y$ の 2 進表示において (対応する原始記号列をもつ) 数字部分列である.

$$x = y \vee \bigl(x \neq 0 \wedge (\exists z \leq y)\,(\mathrm{End}(z,y) \wedge \mathrm{Begin}(x,z))\bigr)$$

これを用いて，項の種類を判別する述語を構成することができる．

**8.** $\mathrm{Succ}(x)$ : $E_x$ は $'$ の列である．

$$(x \neq 0) \wedge (\forall y \leq x)(\mathrm{Part}(y,x) \Rightarrow \mathrm{Part}(1,y))$$

**9.** $\mathrm{Var}(x)$ : $E_x$ は変数である．

$$(\exists y \leq x)(\mathrm{Succ}(y) \wedge x = 2^2 \star 2^1 \star y \star 2^3)$$

これは第7章の7.2節での約束に従って変数 $a, b, c, \ldots$ は $(0')$, $(0'')$, $(0''')$, $\ldots$ で表しているからである．

**10.** $\mathrm{Num}(x)$ : $E_x$ は数値である．

$$(x = 2^1) \vee (\exists y \leq x)(\mathrm{Succ}(y) \wedge x = 2^1 \star y)$$

形式的記号列の列 $E_{x_1}, E_{x_2}, \ldots, E_{x_n}$ のゲーデル数は次のように書ける．

$$x_1 \star 2^{17} \star x_2 \star 2^{17} \star \ldots \star 2^{17} \star x_n$$

形式的な列であることやある記号列が形式的列に含まれることは以下のような命題式で表現される．

**11.** $\mathrm{Seq}(x)$ : $E_x$ は形式的な列である．

$$\mathrm{Part}(2^{17}, x)$$

## 9.1. 項，式であることの数値的表現　119

**12.** $x \in y$：$E_y$ は形式的な列で，$E_x$ はその要素である．

$$\mathrm{Seq}(y) \land \neg \mathrm{Part}(2^{17}, x) \land$$
$$\left( \mathrm{Begin}(x \star 2^{17}, y) \lor \mathrm{End}(2^{17} \star x, y) \lor \right.$$
$$\left. \mathrm{Part}(2^{17} \star x \star 2^{17}, y) \right)$$

**13.** $x \prec_z y$：形式的な列 $E_z$ の要素 $E_x$ と $E_y$ について，$E_x$ は $E_y$ の前に現れる．

$$(x \in z) \land (y \in z) \land (\exists w \leq z) \mathrm{Part}(x \star w \star y, z)$$

このような形式列を用いて与えられたゲーデル数 $x$ を持つ記号列が論理式であることは以下のように体系内で記述される．

**14.** $\mathrm{Term}(x)$：$E_x$ は項である．

$$\exists y \bigg( (x \in y) \land (\forall z \in y) \big\{ \mathrm{Var}(z) \lor \mathrm{Num}(z) \lor$$
$$(\exists v \prec_y z)(\exists w \prec_y z) \big[ (2^2 \star v \star 2^3 \star 2^8 \star 2^2 \star w \star 2^3 = z) \lor$$
$$(2^2 \star v \star 2^3 \star 2^9 \star 2^2 \star w \star 2^3 = z) \lor (2^2 \star v \star 2^3 \star 2^0 = z) \big] \big\} \bigg)$$

**15.** $\mathrm{Atom}(x)$：$E_x$ は原子式である．

$$(\exists y \leq x)(\exists z \leq x) \bigg( \mathrm{Term}(y) \land \mathrm{Term}(z) \land$$
$$\big( (x = y \star 2^{10} \star z) \lor (x = \mathrm{leq}(y, z)) \big) \bigg)$$

ただし，関数 leq は次のように帰納的に定義される．

第 9 章　証明の数値的表現

1. $\mathrm{neq}(x, y) : E_x \neq E_y$ のゲーデル数

$$2^{14} \star 2^2 \star x \star 2^{10} \star y \star 2^3$$

2. $\mathrm{leq}(x, y) : E_x \leq E_y$ のゲーデル数

$$2^{14} \star 2^2 \star 2^{15} \star 2^2 \star 2^1 \star 2^0 \star 2^3 \star 2^2 \star$$
$$\mathrm{neq}(x \star 2^8 \star 2^2 \star 2^1 \star 2^0 \star 2^3, y) \star 2^3 \star 2^3$$

**16.** $\mathrm{Gen}(x, y) :$ 変数 $E_u$ について $E_y$ は $\forall E_u(E_x)$ に等しい．

$$(\exists u \leq y)\left(\mathrm{Var}(u) \wedge y = 2^{15} \star u \star 2^2 \star x \star 2^3\right)$$

**17.** $\mathrm{Form}(x) : E_x$ は論理式である．

$$\exists y \bigg( (x \in y) \wedge (\forall z \in y)\{\mathrm{Atom}(z) \vee$$
$$(\exists v \prec_y z)(\exists w \prec_y z)\big[(z = v \star 2^{11} \star w) \vee$$
$$(z = 2^{14} \star 2^2 \star v \star 2^3) \vee \mathrm{Gen}(w, z)\big]\} \bigg)$$

ここで論理記号 $\wedge$ と $\vee$ は $\neg$ と $\Rightarrow$ によって

$$A \wedge B \quad \text{は} \quad \neg(A \Rightarrow \neg B),$$
$$A \vee B \quad \text{は} \quad \neg A \Rightarrow B$$

とそれぞれ表されることを用い，命題論理の論理記号は $\neg$ と $\Rightarrow$ のみにより論理式が構成されると見なしている．また存在量化子についても同様に

$$\exists x F(x) \quad \text{は} \quad \neg \forall x \neg F(x)$$

と表されていると見なす．

## 9.2 命題論理の公理であることの数値的表現

次に与えられたゲーデル数 $x$ を持つ記号列が自然数論の公理であることが自然数論の体系内で記述されることを示そう．まず，命題計算に関する公理であることを体系内で表す．

**18.** $\mathrm{Pro}(x)$: $E_x$ は命題計算に関する公理である．

$\mathrm{Prop}_1(x) \vee \mathrm{Prop}_2(x) \vee \mathrm{Prop}_3(x) \vee \mathrm{Prop}_4(x) \vee$
$\mathrm{Prop}_5(x) \vee \mathrm{Prop}_6(x) \vee \mathrm{Prop}_7(x) \vee \mathrm{Prop}_8(x) \vee$
$\mathrm{Prop}_9(x) \vee \mathrm{Prop}_{10}(x) \vee \mathrm{Prop}_{11}(x)$

ただし，$\mathrm{Prop}_1(x)$, $\mathrm{Prop}_2(x)$, $\mathrm{Prop}_3(x)$, $\mathrm{Prop}_4(x)$, $\mathrm{Prop}_5(x)$, $\mathrm{Prop}_6(x)$, $\mathrm{Prop}_7(x)$, $\mathrm{Prop}_8(x)$, $\mathrm{Prop}_9(x)$, $\mathrm{Prop}_{10}(x)$, $\mathrm{Prop}_{11}(x)$ は以下のように定義される．

1. $\mathrm{Prop}_1(x)$ : $E_x$ は命題論理の公理 1 である．

$(\exists a < x)(\exists b < x)(\mathrm{Form}(a) \wedge \mathrm{Form}(b) \wedge$
$x = a \star 2^{11} \star 2^2 \star b \star 2^{11} \star a \star 2^3)$

2. $\mathrm{Prop}_2(x)$ : $E_x$ は命題論理の公理 2 である．

$(\exists a < x)(\exists b < x)(\exists c < x)(\mathrm{Form}(a) \wedge \mathrm{Form}(b) \wedge$
$\mathrm{Form}(c) \wedge x = 2^2 \star a \star 2^{11} \star b \star 2^3 \star 2^{11} \star 2^2 \star a \star 2^{11}$
$\star 2^2 \star b \star 2^{11} \star c \star 2^3 \star 2^3 \star 2^{11} \star 2^2 \star a \star 2^{11} \star c \star 2^3 \star 2^3)$

3. $\mathrm{Prop}_3(x)$ : $E_x$ は命題論理の公理 3 である．

$(\exists a < x)(\exists b < x)(\mathrm{Form}(a) \wedge \mathrm{Form}(b) \wedge$
$x = a \star 2^{11} \star 2^2 \star 2^2 \star a \star 2^{11} \star b \star 2^3 \star 2^{11} \star b \star 2^3)$

4. $\mathrm{Prop}_4(x) : E_x$ は命題論理の公理 4 である.

$$(\exists a < x)(\exists b < x)(\mathrm{Form}(a) \land \mathrm{Form}(b) \land$$
$$x = a \star 2^{11} \star 2^2 \star b \star 2^{11} \star a \star 2^{12} \star b \star 2^3)$$

5. $\mathrm{Prop}_5(x) : E_x$ は命題論理の公理 5 である.

$$(\exists a < x)(\exists b < x)(\mathrm{Form}(a) \land \mathrm{Form}(b) \land$$
$$x = a \star 2^{12} \star b \star 2^{11} \star a)$$

6. $\mathrm{Prop}_6(x) : E_x$ は命題論理の公理 6 である.

$$(\exists a < x)(\exists b < x)(\mathrm{Form}(a) \land \mathrm{Form}(b) \land$$
$$x = a \star 2^{12} \star b \star 2^{11} \star b)$$

7. $\mathrm{Prop}_7(x) : E_x$ は命題論理の公理 7 である.

$$(\exists a < x)(\exists b < x)(\mathrm{Form}(a) \land \mathrm{Form}(b) \land$$
$$x = a \star 2^{11} \star a \star 2^{13} \star b)$$

8. $\mathrm{Prop}_8(x) : E_x$ は命題論理の公理 8 である.

$$(\exists a < x)(\exists b < x)(\mathrm{Form}(a) \land \mathrm{Form}(b) \land$$
$$x = b \star 2^{11} \star a \star 2^{13} \star b)$$

9. $\mathrm{Prop}_9(x) : E_x$ は命題論理の公理 9 である.

$$(\exists a < x)(\exists b < x)(\exists c < x)(\mathrm{Form}(a) \land \mathrm{Form}(b) \land$$
$$\mathrm{Form}(c) \land x = 2^2 \star a \star 2^{11} \star c \star 2^3 \star 2^{11}$$
$$\star 2^2 \star 2^2 \star b \star 2^{11} \star c \star 2^3 \star 2^{11} \star 2^2$$
$$\star a \star 2^{13} \star b \star 2^{11} \star c \star 2^3 \star 2^3)$$

10. $\text{Prop}_{10}(x)$ : $E_x$ は命題論理の公理 10 である.

$$(\exists a < x)(\exists b < x)(\text{Form}(a) \land \text{Form}(b) \land$$
$$x = 2^2 \star a \star 2^{11} \star b \star 2^3 \star 2^{11} \star 2^2 \star$$
$$2^2 \star a \star 2^{11} \star 2^{14} \star b \star 2^3 \star 2^{11} \star 2^{14} \star a \star 2^3)$$

11. $\text{Prop}_{11}(x)$ : $E_x$ は命題論理の公理 11 である.

$$(\exists a < x)(\text{Form}(a) \land x = 2^{14} \star 2^{14} \star a \star 2^{11} \star a)$$

## 9.3 述語論理の公理であることの数値的表現

次に記号列 $E_x$ が述語論理に関する公理であることを記述する. 既述のように公理 1 と 4 は同値であり, 公理 2 と 3 は同値であるから, 公理 1 と 2 のみ記述すればよい. 公理 2 では式に含まれるある自由変数の現れのすべてを項に置き換える作業を考える必要がある.

19. $\text{Free}(x, y)$ : 項 $E_x$ に含まれる如何なる変数も文字列 $E_y$ 内で束縛されない.

$$\text{Term}(x) \land (\forall z < x)\bigg([\text{Var}(z) \land \text{Part}(z, x)] \Rightarrow$$
$$[\neg \text{Part}(2^{15} \star z, y)]\bigg)$$

## 124 第9章 証明の数値的表現

**20.** $\mathrm{Pred}_1(x)$ : $E_x$ は述語論理の公理1である.

$(\exists a < x)(\exists b < x)(\exists c < x)(\mathrm{Form}(a) \wedge \mathrm{Form}(b) \wedge$
$\mathrm{Var}(c) \wedge (\neg \mathrm{Part}(c,b)) \wedge$
$x = 2^2 \star b \star 2^{11} \star a \star 2^3 \star 2^{11} \star 2^2 \star b \star 2^{11}$
$\star 2^2 \star 2^{15} \star c \star a \star 2^3 \star 2^3)$

**21.** $\mathrm{Seq}(x, y, u)$ : 記号列 $u$ は形式列でない記号列 $E_x$ と $E_y$ の組 $\{E_x, E_y\}$ のこの順番で隣り合う要素よりなる.

$\neg \mathrm{Seq}(x) \wedge \neg \mathrm{Seq}(y) \wedge (x \neq 0) \wedge (y \neq 0) \wedge$
$\mathrm{Part}(x \star 2^{17} \star y, u)$

**22.** $x = \mathrm{alt}_y(u, t)$ : 式 $E_x$ は式 $E_y$ の自由変数 $E_u$ の位置に自由な項 $E_t$ を代入したものである.

$\mathrm{Form}(x) \wedge \mathrm{Form}(y) \wedge \mathrm{Var}(u) \wedge$
$\mathrm{Free}(u, y) \wedge \mathrm{Term}(t) \wedge \mathrm{Free}(t, y) \wedge$
$\mathrm{Part}(u, y) \wedge \neg \mathrm{Part}(u, x) \wedge \exists w \bigg\{ \mathrm{Seq}(y, x, w) \wedge$
$(\forall a < w)(\forall b < w) \bigg( \mathrm{Seq}(a, b, w) \wedge$
$\Rightarrow \big\{ (\neg \mathrm{Part}(u, a) \wedge a = b) \vee$
$(\exists c_1 < a)(\exists c_2 < b)(\exists d_1 < a)(\exists d_2 < b)$
$[\mathrm{Seq}(c_1, c_2, w) \wedge \mathrm{Seq}(d_1, d_2, w) \wedge$
$a = c_1 \star u \star d_1 \wedge b = c_2 \star t \star d_2] \big\} \bigg) \bigg\}$

**23.** $\mathrm{Pred}_2(x)$ : $E_x$ は述語論理の公理 2 である.

$(\exists a < x)(\exists b < x)(\exists c < x)(\exists t < x)(\mathrm{Form}(a) \wedge$
$\mathrm{Var}(b) \wedge \mathrm{Term}(t) \wedge c = \mathrm{alt}_a(b,t) \wedge x = 2^{15} \star b \star a \star 2^{11} \star c)$

## 9.4 自然数論の公理であることの数値的表現

最後に $E_x$ が自然数論に関する公理であることを記述する.

**24.** $\mathrm{Nat}(x)$: $E_x$ は自然数の計算に関する公理である.

$\mathrm{Nat}_1(x) \vee \mathrm{Nat}_2(x) \vee \mathrm{Nat}_3(x) \vee \mathrm{Nat}_4(x) \vee \mathrm{Nat}_5(x) \vee$
$\mathrm{Nat}_6(x) \vee \mathrm{Nat}_7(x) \vee \mathrm{Nat}_8(x)$

ただし, $\mathrm{Nat}_1(x)$, $\mathrm{Nat}_2(x)$, $\mathrm{Nat}_3(x)$, $\mathrm{Nat}_4(x)$, $\mathrm{Nat}_5(x)$, $\mathrm{Nat}_6(x)$, $\mathrm{Nat}_7(x)$, $\mathrm{Nat}_8(x)$ は以下のように定義される.

1. $\mathrm{Nat}_1(x)$ : $E_x$ は自然数の公理 1 である.

    $(\exists a < x)(\exists b < x)(\mathrm{Term}(a) \wedge \mathrm{Term}(b) \wedge$
    $x = 2^2 \star a \star 2^0 \star 2^{10} \star b \star 2^0 \star 2^3 \star 2^{11} \star 2^2$
    $\star a \star 2^{10} \star b \star 2^3)$

2. $\mathrm{Nat}_2(x)$ : $E_x$ は自然数の公理 2 である.

    $(\exists a < x)(\mathrm{Term}(a) \wedge$
    $x = 2^{14} \star 2^2 \star a \star 2^0 \star 2^{10} \star 2^1 \star 2^3)$

## 第9章 証明の数値的表現

3. $\text{Nat}_3(x)$ : $E_x$ は自然数の公理3である.

   $(\exists a < x)(\exists b < x)(\exists c < x)(\text{Term}(a) \land \text{Term}(b) \land \text{Term}(c) \land x = a \star 2^{10} \star b \star 2^{11} \star 2^2 \star a \star 2^{10} \star c \star 2^{11} \star b \star 2^{10} \star c \star 2^3)$

4. $\text{Nat}_4(x)$ : $E_x$ は自然数の公理4である.

   $(\exists a < x)(\exists b < x)(\text{Term}(a) \land \text{Term}(b) \land x = a \star 2^{10} \star b \star 2^{11} \star a \star 2^0 \star 2^{10} \star b \star 2^0)$

5. $\text{Nat}_5(x)$ : $E_x$ は自然数の公理5である.

   $(\exists a < x)(\text{Term}(a) \land x = a \star 2^8 \star 2^1 \star 2^{10} \star a)$

6. $\text{Nat}_6(x)$ : $E_x$ は自然数の公理6である.

   $(\exists a < x)(\exists b < x)(\text{Term}(a) \land \text{Term}(b) \land x = a \star 2^8 \star b \star 2^0 \star 2^{10} \star 2^2 \star a \star 2^8 \star b \star 2^3 \star 2^0)$

7. $\text{Nat}_7(x)$ : $E_x$ は自然数の公理7である.

   $(\exists a < x)(\text{Term}(a) \land x = a \star 2^9 \star 2^1 \star 2^{10} \star 2^1)$

8. $\text{Nat}_8(x)$ : $E_x$ は自然数の公理8である.

   $(\exists a < x)(\exists b < x)(\text{Term}(a) \land \text{Term}(b) \land x = a \star 2^9 \star b \star 2^0 \star 2^{10} \star a \star 2^9 \star b \star 2^8 \star a)$

$E_x$ が数学的帰納法に関する公理であることは以下のように記述される.

**25.** $\mathrm{sub}_a(x, y)$ : $E_a$ の変数 $E_x$ に $E_y$ を形式的に代入するという式 $\forall E_x((E_x = E_y) \Rightarrow (E_a))$ のゲーデル数.

$$2^{15} \star x \star 2^2 \star 2^2 \star x \star 2^{10} \star y \star 2^3 \star 2^{11} \star 2^2 \star a \star 2^3 \star 2^3$$

**26.** $\mathrm{MI}(x)$ : $E_x$ は数学的帰納法に関する公理である.

$$(\exists a < x)(\exists b < x)(\exists c < x)(\mathrm{Form}(a) \wedge \mathrm{Var}(b) \wedge$$
$$\mathrm{Var}(c) \wedge x = 2^2 \star \mathrm{sub}_a(b, 2^1) \star 2^{12} \star 2^{15} \star c$$
$$\star\, 2^2 \star \mathrm{sub}_a(b, c) \star 2^{11} \star \mathrm{sub}_a(b, c \star 2^0) \star 2^3 \star 2^3 \star 2^{11}$$
$$\star\, 2^{15} \star c \star \mathrm{sub}_a(b, c))$$

以上から，公理をすべて体系内で表すことができた．

## 9.5 証明列であることの数値的表現

上述のことから，公理と推論規則により構成される証明列であるという事柄が以下のように体系内で記述可能であることが分かる．

**27.** $\mathrm{Axiom}(x)$ : $E_x$ は公理である.

$$\mathrm{Pro}(x) \vee \mathrm{Pred}_1(x) \vee \mathrm{Pred}_2(x) \vee \mathrm{Nat}(x) \vee \mathrm{MI}(x)$$

## 第9章 証明の数値的表現

**28.** $\mathrm{Proof}(x)$ : $E_x$ は証明列である.

$$\mathrm{Seq}(x) \land \forall y \Big( y \in x \Rightarrow (\mathrm{Axiom}(y) \lor$$
$$(\exists v \prec_x y)(\exists w \prec_x y)\{(w = v \star 2^{11} \star y) \lor$$
$$(\exists a < v)(\exists b < v)(\exists c < y)[v = b \star 2^{11} \star a \land$$
$$y = b \star 2^{11} \star c \land \mathrm{Gen}(a,c) \land$$
$$(\forall z \leq a)(\mathrm{Var}(z) \Rightarrow \neg \mathrm{Part}(z,b))]\})\Big)$$

**29.** $\mathrm{Pr}(x)$ : $E_x$ は証明可能である.

$$\exists y \left(\mathrm{Proof}(y) \land (x \in y)\right)$$

**30.** $\mathrm{Re}(x)$ : $E_x$ は反証可能である.

$$\exists y \left(\mathrm{Proof}(y) \land (2^{14} \star 2^2 \star x \star 2^3 \in y)\right)$$

以上で **29** と **30** における $\mathrm{Pr}(x)$ と $\mathrm{Re}(x)$ のみ再帰的でない述語である. ほかの **1** から **28** において定義された述語はすべて再帰的述語である. **1** から **28** においてはすべて有限個の自然数の中から選ぶことにより真偽を決定できる述語であったからである. **29**, **30** においてはこの制限が行われておらず有限の (finitary) 立場からはこれら二つの述語 $\mathrm{Pr}(x)$ と $\mathrm{Re}(x)$ は決定できない. 従ってこれらは再帰的でない.

次章ではこれらの記述を用いて述語 $G(a,b)$, $H(a,b)$ が数値的に表現可能であることを見てみよう.

# 第 10 章 ゲーデル述語

本章では前章で構成した述語を用いて述語 $G(a,b)$, $H(a,b)$ がある式 $g(a,b)$, $h(a,b)$ によって自然数論の体系 $S$ において数値的に表現可能であることを見てゆこう．

## 10.1 ゲーデル述語の数値的表現

第 7 章に述べたようにロッサー文で用いられる述語 $G(a,b)$, $H(a,b)$ はそれぞれ以下により定義された．本書では $G(a,b)$ をゲーデル述語と呼ぶことにする．

**定義 10.1**

1) $G(a,b)$ は以下の意味の述語である．

   「ゲーデル数 $a$ を持つ式 $A_a$ は丁度一つの自由変数 $x$ を持ち，ゲーデル数 $b$ を持つ記号列 $E_b$ は $A_a = A_a(x)$ において $x = \lceil a \rceil$ とした式の証明列である[1]」

2) $H(a,b)$ は以下の意味の述語である．

   「ゲーデル数 $a$ を持つ式 $A_a$ は丁度一つの自由変数 $x$ を持ち，ゲーデル数 $b$ を持つ記号列 $E_b$ は $\neg A_a = \neg A_a(x)$ において $x = \lceil a \rceil$ とした式の証明列である[2]」

---
[1] すなわち「記号列 $E_b$ は $A_a(\lceil a \rceil)$ の証明列である．」
[2] すなわち「記号列 $E_b$ は $\neg A_a(\lceil a \rceil)$ の証明列である．」

これらがそれぞれ式 $g(a,b)$, $h(a,b)$ によって数値的に表現可能であるとは以下の意味であった.

1) i) $G(a,b)$ が真であれば $\vdash g(\lceil a \rceil, \lceil b \rceil)$ が成り立つ.

 ii) $G(a,b)$ が偽であれば $\vdash \neg g(\lceil a \rceil, \lceil b \rceil)$ が成り立つ.

2) i) $H(a,b)$ が真であれば $\vdash h(\lceil a \rceil, \lceil b \rceil)$ が成り立つ.

 ii) $H(a,b)$ が偽であれば $\vdash \neg h(\lceil a \rceil, \lceil b \rceil)$ が成り立つ.

ただし以上で真・偽とはメタレベルで直観的に真か偽かが証明可能なことを言うのであった.

前章に述べた 1 から 28 の手続きにより以下が従う.

定理 10.2 これまで述べたゲーデル数の対応付けにより定義 10.1 の述語 $G(a,b)$, $H(a,b)$ はある対応する命題式 $g(a,b)$, $h(a,b)$ により $S$ において数値的に表現可能である.

証明 定義 10.1 よりこれらの述語 $G(a,b)$, $H(a,b)$ の中にはたとえば $G(a,b)$ の場合についていえば「ゲーデル数 $b$ を持つ記号列 $E_b$ は $A_a = A_a(x)$ において $x = \lceil a \rceil$ とした式の証明列である」というように $A_a(\lceil a \rceil)$ のような自らをゲーデル数を通して自身の変数に代入するという対角式を含む. これらを扱う場合以下に見るように式 $E_x$ と数 $y$ について $y = 2^x$ が数論的であることを示す必要がある. このためには, $y = 2^x$ における自然数 $x, y$ の組 $(x, y)$ が具体的な計算列 $(0, 1)$, $(1, 2)$, $(2, 4)$, $(3, 8)$, $(4, 16)$, $\ldots$ に入っていることを言えば良い. しかし $E_x$ が形式列を含む記号列となりうることから, この計算列の構成にはカンマ, による形式列を用いることはできない.

## 10.1. ゲーデル述語の数値的表現

したがって，体系内の項，式，列のいずれのゲーデル数でもないような数 $s,t$ によって上記の計算列に対応する数を $s \star 0 \star t \star 2^0 \star s \star 2^0 \star t \star 2^1 \star s \star 2^1 \star t \star 2^2 \star s \star 2^1 + 2^0 \star t \star 2^3 \star s \star 2^2 \star t \star 2^4 \star \ldots$ のようにして考える必要がある．ここでは，$s = 2^{18}$，$t = 2^{19}$ として $y = 2^x$ を以下のように体系内で表すことにする．

**31.** $\mathrm{SEQ}(x, y, w)$：$w$ は自然数の組 $(n, m)$ の列で数の組 $(x, y)$ を含むものである．

$$\mathrm{Part}(2^{18} \star x \star 2^{19} \star y \star 2^{18}, w) \land$$
$$\neg\mathrm{Part}(2^{18}, x) \land \neg\mathrm{Part}(2^{18}, y) \land$$
$$\neg\mathrm{Part}(2^{19}, x) \land \neg\mathrm{Part}(2^{19}, y)$$

**32.** $y = 2^x$：記号列 $E_x$ と数 $y$ について $y = 2^x$ が成り立つ．

$$\exists w \bigg( \mathrm{SEQ}(x, y, w) \land (\forall a \leq w)(\forall b \leq w)$$
$$[\mathrm{SEQ}(a, b, w) \Rightarrow \{(a = 0 \land b = 1) \lor (\exists c \leq a)(\exists d \leq b)$$
$$[\mathrm{SEQ}(c, d, w) \land (a = c + 1) \land (b = d \cdot 2)]\}] \bigg)$$

ここで第 7 章で述べた補題 7.5 が必要なので以下に再述する．

**補題 10.3** $a \geq 0$ を自然数とする．このとき $w$ を $w' = 2^a$ となる自然数とすると

$$g(a) = 2^1 \star w \tag{10.1}$$

である．ただし $w'$ は自然数 $w$ の後者 (すなわち $w' = w + 1$) である．

この補題により $w' = 2^a$ なる自然数 $w$ に対し $2^1 \star w$ が数 $a$ に対応する数項 $0''^{\cdots\prime}$(プライムの個数は $a$ 個) のゲーデル数 $g(a)$ を与えることがわかる．したがって問題の述語 $G(a,b)$ および $H(a,b)$ は自然数論の体系 $S$ 内で以下のように命題式 $g(a,b)$ および $h(a,b)$ によりそれぞれ数値的に表現される．

**33.** $g(a,b)$ : $E_a$ は自由変数 $E_x$ をもち，$E_b$ は $E_a$ の $E_x = a$ の場合の証明列である．

$$\exists x (\mathrm{Var}(x) \wedge \mathrm{Part}(x,a) \wedge \mathrm{Free}(x,a) \wedge \mathrm{Proof}(b) \wedge$$
$$\exists w [w' = 2^a \wedge (\mathrm{sub}_a(x, 2^1 \star w) \in b)])$$

**34.** $h(a,b)$ : $E_a$ は自由変数 $E_x$ をもち，$E_b$ は $E_a$ の $E_x = a$ の場合の反証列である．

$$\exists x (\mathrm{Var}(x) \wedge \mathrm{Part}(x,a) \wedge \mathrm{Free}(x,a) \wedge \mathrm{Proof}(b) \wedge$$
$$\exists w [w' = 2^a \wedge (2^{14} \star 2^2 \star \mathrm{sub}_a(x, 2^1 \star w) \star 2^3 \in b)])$$

□

第9章冒頭に述べたようにこの証明は述語 $G(a,b)$ および $H(a,b)$ を $S$ 内の式 $g(a,b)$ および $h(a,b)$ に直接に翻訳しており，述語 $G(a,b)$ および $H(a,b)$ の再帰性は用いていないことを注意する．

## 10.2 ゲーデルの不完全性定理

ロッサー文 $A_q(\lceil q \rceil)$ は以下のように定義された.

**定義 10.4** 以下の式のゲーデル数を $q$ とする.

$$\forall b \left(g(a,b) \Rightarrow \exists c(c \leq b \land h(a,c))\right).$$

すなわち

$$A_q(a) = \forall b \left(g(a,b) \Rightarrow \exists c(c \leq b \land h(a,c))\right).$$

このとき以下の式をロッサー文と呼ぶ.

$$A_q(\lceil q \rceil) = \forall b \left(g(\lceil q \rceil, b) \Rightarrow \exists c(c \leq b \land h(\lceil q \rceil, c))\right).$$

ただし,

$$g(\lceil q \rceil, b) = \forall a \left(a = q \Rightarrow g(a,b)\right),$$
$$h(\lceil q \rceil, c) = \forall a \left(a = q \Rightarrow h(a,c)\right).$$

前節の結果は第 7 章の定理 7.7 を示しているから以上よりロッサー文を用いてロッサー型のゲーデルの不完全性定理が第 7 章の定理 7.9 により成り立つことがわかる.

これに対しゲーデルが元々考えた文は以下のものであった.

**定義 10.5** 以下の式のゲーデル数を $p$ とする.

$$\forall b \neg g(a,b).$$

すなわち

$$A_p(a) = \forall b \, \neg g(a,b).$$

このとき以下の式をゲーデル文 (ないし式) と呼ぶ.

$$A_p(\lceil p \rceil) = \forall b \, \neg g(\lceil p \rceil, b). \tag{10.2}$$

ただし,

$$g(\lceil p \rceil, b) = \forall a \, (a = p \Rightarrow g(a,b)).$$

**定義 10.6** 自然数論を含む形式的体系 $S$ が $\omega$-無矛盾あるいは $\omega$-整合的 ($\omega$-consistent)[3]であるとはいかなる変数 $x$ および式 $A(x)$ に対しても

$$A(0),\ A(1),\ A(2),\ \ldots \quad \text{および} \quad \neg \forall x A(x)$$

のすべてが証明可能となることはないことである. とくに $\omega$-整合的ならば (単純) 整合的である.

**定理 10.7** (Gödel の不完全性定理 (1931)) 自然数論 $S$ が整合的であれば

$$\text{not} \vdash A_p(\lceil p \rceil)$$

である. $S$ が $\omega$-整合的であれば

$$\text{not} \vdash \neg A_p(\lceil p \rceil)$$

---

[3]$\omega$-整合的であることに対し通常の意味で整合的であることを単純整合的 (simply consistent) と呼ぶことがある.

## 10.2. ゲーデルの不完全性定理　135

である．とくに $S$ が $\omega$-整合的なら $A_p(\lceil p \rceil)$ は $S$ においてその肯定も否定も証明できない式である．

証明　$S$ が整合的であると仮定する．このとき

$$\vdash A_p(\lceil p \rceil) \tag{10.3}$$

であるとしてみる．すると $A_p(\lceil p \rceil)$ の証明列があるからそのゲーデル数を $b$ とすると，$G(p,b)$ は真である．したがって述語 $G(a,b)$ の数値的表現可能性から

$$\vdash g(\lceil p \rceil, \lceil b \rceil)$$

が成り立つ．これより述語論理の公理3より

$$\vdash \exists b\, g(\lceil p \rceil, b)$$

がいえる．すなわち

$$\vdash \neg \forall b \neg g(\lceil p \rceil, b).$$

ところがゲーデル文の定義 (10.2) よりこれは

$$\vdash \neg A_p(\lceil p \rceil)$$

を意味し，(10.3) に矛盾する．これは $S$ が無矛盾であるという大前提に反する．よって (10.3) が誤りであり，前半が示された．

　$S$ が $\omega$-整合的であると仮定する．$S$ が $\omega$-整合的であれば整合的であるから，前半の結果より $A_p(\lceil p \rceil)$ は $S$ において証明できない．したがってすべての自然数 $0, 1, 2, \ldots$ は $A_p(\lceil p \rceil)$ の証

明列のゲーデル数ではない. すなわち $G(p,0), G(p,1), G(p,2),$ ... のすべては偽である[4]. よって述語 $G(a,b)$ の数値的表現可能性より

$$\vdash \neg g(\lceil p\rceil, \lceil 0\rceil),\ \vdash \neg g(\lceil p\rceil, \lceil 1\rceil),\ \vdash \neg g(\lceil p\rceil, \lceil 2\rceil), \ldots$$

のすべてが成り立つ. $S$ は $\omega$-整合的と仮定しているからこれより

$$\text{not } \vdash \neg \forall b \neg g(\lceil p\rceil, b)$$

である. ところがゲーデル文の定義 (10.2) よりこれは

$$\text{not } \vdash \neg A_p(\lceil p\rceil)$$

を意味し, 後半がいえた. □

## 10.3 第二不完全性定理

Gödel の定理 10.7 の前半は以下のようにまとめられる.

$$S \text{ が整合的である} \Rightarrow A_p(\lceil p\rceil) \text{ は証明できない}. \quad (10.4)$$

右辺の「$A_p(\lceil p\rceil)$ は証明できない」という事柄はゲーデル数による対応によれば (10.2) より

$$A_p(\lceil p\rceil) = \forall b \neg g(\lceil p\rceil, b). \quad (10.5)$$

---

[4]第 7 章冒頭に述べたようにゲーデル数は任意の式ないし記号列に対し定義されるが, すべての自然数が何らかの式ないし記号列に対応しているわけではない. そのような対応する式等の存在しない自然数 $b$ は述語 $G(a,b)$ の定義の条件を満たさないから, $G(p,b)$ は偽である.

## 10.3. 第二不完全性定理

と書ける．したがって超数学全体をゲーデル数による対応によって $S$ の中に写し「$S$ が整合的である」という事柄を

$$\mathrm{Consis}(S)$$

という形式的式で書き表すことができれば式 (10.5) と併せて定理 10.7 の前半から

$$\vdash \mathrm{Consis}(S) \Rightarrow A_p(\lceil p \rceil) \tag{10.6}$$

が得られるであろう．

いま超数学的にメタのレベルで

$$\vdash \mathrm{Consis}(S)$$

と仮定すると式 (10.6) と併せて

$$\vdash A_p(\lceil p \rceil)$$

が得られる．これは $S$ が整合的ならば定理 10.7 の前半と矛盾する．したがって以下の定理が得られる．

**定理 10.8** (Gödel の第二不完全性定理 (1931)) 自然数論 $S$ が整合的であれば

$$\mathrm{not} \ \vdash \mathrm{Consis}(S)$$

である．すなわち $S$ が無矛盾であればその整合性は $S$ において形式化される方法によっては証明できない．

上記のこの定理の「証明」は概略であるが，完全な証明は後に Hilbert-Bernays (1939) によって与えられた．この定理は Rosser によるより強力な結果 (定理 7.9) は用いずに示されることに注意しよう．

## 10.4 第二不完全性定理の意味

第2章の冒頭および第2.1節に述べたように第二不完全性定理はヒルベルトの形式主義の立場ないしプログラム「無限を扱う古典数学を形式的公理論として有限の立場から扱うことによりその無矛盾性ないし整合性を示し，理論の健全性の証とする」に対し，その不可能性を示したものと通常とらえられる．「体系 $S$ が無矛盾であればその無矛盾性を $S$ と同等の力を持った方法では証明できない」という意味合いに解釈しうるからである．

たしかに「もし」完全に統語論的方法で第一したがって第二不完全性定理が示されればおそらくこの解釈は正しいであろう．しかし以上で見たようにすでに第一不完全性定理の証明において第1.3節の最後に触れた「意味論的な解釈」が行われているのである．すなわち第7章冒頭においても触れたとおりメタレベルの自然数 $n$ を体系内の自然数 $\lceil n \rceil$ に置き換える際にメタのレベルと対象理論のレベルを同一視して代入操作が行われている．これは第1章で触れた「自己言及」である．そこの第1.3節で述べたように自己言及を行わなければ人は話すことがほとんどなくなってしまうであろうことも事実であるが，自己言及を極めれば矛盾が生ずることも同じく第1.3節で見た．ゲーデルの不完全性定理もその証明は，数学を行う主体であるメタレベルの議論自体が自身を対象化し対象理論たる形式的体系内に自己を埋め込むことによって自己言及を徹底することにより行われた．統語論的に見えて実はメタレベルと対象レベルの対称性ないし反射性(reflexivity)を仮定しての議論であった．自然数論においてメタレベルと対象レベルの対称性を仮定するということはメタレベルの統

## 10.4. 第二不完全性定理の意味

語論的な語の操作のみに基づいているのではなく研究対象たる自然数論の意味するところをメタレベルに適用していることである．これは対象によってメタレベルの議論が影響を受けていることを反映している．ここには職業人や研究者が職務や研究の対象に現れる事柄に影響を受けた考え方をする傾向があるという常識的な事柄にたぐいする現象が現れているようである．

このように考えてくれば不完全性定理が数を研究する数学者や計算科学者によって見いだされたのは不思議ではない．古代や中世の論理学者は古典的文献が主な研究対象であったであろうから，数学的思考が発展してきた時代の19世紀や現代の数学者・論理学者のように物事を数に置き換えて考えるなどということはしなかったのは自然であろう．

おそらくこのような事情が不完全性定理の背景には隠されているのであろう．であれば自身の思考を普段の思考や研究の対象である数に置き換えることに全くないしほとんど違和感を覚えない近現代人にとって不完全性定理が「真理」として迫ってくるのは自然である．

それではクレタ人のパラドクス「この文は偽である」に代表される自己言及的言明の矛盾やその解釈として生ずるタルスキの定理[5]

> 言語 $\mathcal{L}$ の真理集合 $T$ は，言語 $\mathcal{L}$ 内の文では言及できない．つまり，真であることを示す述語 $T$ は，言語 $\mathcal{L}$ 内に存在してはならない．

についてはどうなのであろうか？これらは一般的言語についての話であり，数とは関係していないではないか？

---

[5] [27] 第6.1節参照．

## 第10章 ゲーデル述語

おそらくこれらは同じ範疇の問題であろう．数にせよ言語にせよ「記号化」が行われて初めて自身の述べたことについて反芻し反省が行える．どちらの場合も「記号化」による「自己の対象化」が伴わなければ上述のような問題は生じ得ない．メタレベルにいる思考の主体が自身を対象と化してしまうとき，はじめていずれの場合も問題が生ずるのである．ここには文字という文明の利器が働いており，これは人間にとって将来の計画を建てるに不可欠な道具であると同時に，自身についての反省を許容するやっかいな道具の役割を持つのであろう．いずれ人間が生きてゆくためには言語の記号化は不可欠であるが，そこには自己反省が必然として伴うのである．さすれば常に人はゲーデルの不完全性定理が提示する普遍的矛盾性の世界にいることになる．すなわち言語ないしその記号化がなければ思考の主体としての人間は思考の対象たる世界から何らの影響も受けずにすんでいたであろう．而していったん思考の記号化が行われれば自己反省は必然であり，常に決定できない自己言及的問題を携えることになったのである．

以上により不完全性定理の概略の説明を当面終わることにしよう．

これ以降の問題としては不完全性定理により $S$ において決定できないとされた命題式を $S$ の公理に加えてゆくとどうなるかという問題がある．たとえば定理7.9により公理からの推論によっては正否を決定できないとされた命題式 $A_q(\lceil q \rceil) = A_{q^{(0)}}(\lceil q^{(0)} \rceil)$ を $S$ の公理系に加えると，もう一度不完全性定理の議論が行えて，新たに決定できない命題式 $A_{q^{(1)}}(\lceil q^{(1)} \rceil)$ が得られる．以下同様にこのような無限個の命題式 $A_{q^{(n)}}(\lceil q^{(n)} \rceil)$ $(n = 0, 1, 2, \ldots)$ が得られる．ではこれらをすべて $S$ の公理系

## 10.4. 第二不完全性定理の意味

に加えたらどうなるであろうか？これら無限個の決定不能な命題式を $S$ の公理系に加えた後またゲーデルの定理が使えるのか？使えるとしたらこのような無限個の公理をさらに超限無限回加える操作を行ったらどうなるのか？そもそも本書でこれまで考えてきた形式的体系は高々可算個の命題式しか表現できないはずである．それなのにこのような超限無限個の公理を $S$ に加えたら体系 $S$ は可算個以上の命題式を持たなければならない．この事実を先取りして超数学においてはこのような超限無限回の操作は加えられる公理の個数が高々可算の無限に到達するまでの範囲でしか行えないと一般に仮定されているようだが[6]，このように仮定する理由はどこにも存在しない．しかしメタのレベルでも超限無限回の操作をいくらでも行うことができるとしたらたしかにこれは命題式の個数の可算性に矛盾するであろう．

このような問題は存在し研究もなされているが未だ満足のゆく解釈は与えられていないようである．ある意味ではこのような研究は「有限の立場」を超えるが故に意味のないものとして退けることもできよう．しかし超数学ないしより広い意味の数学基礎論において「有限の立場」は必ずしも一般的に採用されている立場ではない．むしろ超数学においても無限を自由に用いることはゲーデルのある意味で否定的な結果が得られてからより自由に行われているようである[7]．いずれ

---

[6] 後述 11.5 節参照．

[7] たとえば A. M. Turing の論文 Systems of logic based on ordinals, Proc. London Math. Soc., ser. 2, **45** (1939), 161–228 や S. Feferman の論文 Transfinite recursive progressions of axiomatic theories, Journal Symbolic Logic, **27** (1962), 259-316 など．またゲーデルの完全性定理 6.4 の証明の脚注 3 (75 頁) に述べたようにメタレベルで選択公理および集合論の公理を仮定することはモデル理論等では広く行われていることである．

このような問題に関する現段階の研究について何らかの一般的な了解が得られるときもくるであろう．そのような問題は本書を読まれてご興味を持たれた若い方々の将来の問題であろう．

　次章と最終章においてこのような問題について筆者の考えを少々述べようと思う．

# 第11章 数学は矛盾している？

　本章では現代数学の基礎をなす集合論は整合的であるかという問題を考えてみよう．第 2 章で触れたように 1903 年のラッセルによる矛盾する集合の発見は数学の基礎に関し大きな問題を投げかけ議論のもとになった．このような問題に対処すべくヒルベルトの形式主義等の諸々の立場が提唱されたが，ヒルベルトの形式主義の主張ないしテーゼ「有限の立場により公理論的数学理論の無矛盾性を示すことができれば数学理論は健全である」という立場はこれまで述べてきたゲーデルの不完全性定理によって否定的に答えられたかに見える．本章ではこのゲーデルの定理が一見数学自体が矛盾しているように見える結果を含意することを見る．

## 11.1 ロッサー型の不完全性定理再見

　いま形式的集合論 $S$ を考え，メタのレベルにおいても集合論を使えると仮定する[1]．我々はこの形式的集合論 $S$ の中で自然数論を展開できる[2]．この $S$ の部分系としての自然数論を $S^{(0)}$ と表すことにする．このとき $S^{(0)}$ におけるゲーデル述語

---

[1]以下一般に行われているように選択公理を仮定した集合論いわゆる ZFC を考える．
[2][27] 第 II 部を参照されたい．

144　第 11 章　数学は矛盾している？

$G^{(0)}(a,b)$ および関連する述語 $H^{(0)}(a,b)$ は以下のように定義された.

**定義 11.1**

1) $G^{(0)}(a,b)$ は以下の意味の述語である.

「ゲーデル数 $a$ を持つ式 $A_a$ は丁度一つの自由変数 $x$ を持ち, ゲーデル数 $b$ を持つ記号列 $E_b$ は $A_a = A_a(x)$ において $x = \lceil a \rceil$ とした式の証明列である」

2) $H^{(0)}(a,b)$ は以下の意味の述語である.

「ゲーデル数 $a$ を持つ式 $A_a$ は丁度一つの自由変数 $x$ を持ち, ゲーデル数 $b$ を持つ記号列 $E_b$ は $\neg A_a = \neg A_a(x)$ において $x = \lceil a \rceil$ とした式の証明列である」

これらの述語に対し前章までにおいて以下を示した.

**定理 11.2** これまで述べたゲーデル数の対応付けにより定義 11.1 の述語 $G^{(0)}(a,b)$, $H^{(0)}(a,b)$ はある対応する式 $g^{(0)}(a,b)$, $h^{(0)}(a,b)$ により $S^{(0)}$ したがって形式的集合論の体系 $S$ において数値的に表現可能である. すなわち以下が成り立つ. いま式 $g^{(0)}(a,b)$ および $h^{(0)}(a,b)$ をそれぞれ次のように定義される式とする.

1) $g^{(0)}(a,b)$: $E_a$ は自由変数 $E_x$ をもち, $E_b$ は $E_a$ の $E_x = a$ の場合の証明列である.

$$\exists x(\mathrm{Var}(x) \wedge \mathrm{Part}(x,a) \wedge \mathrm{Proof}(b) \wedge$$
$$\exists w[w' = 2^a \wedge (\mathrm{sub}_a(x, 2^1 \star w) \in b)])$$

## 11.1. ロッサー型の不完全性定理再見　145

2) $h^{(0)}(a,b)$ : $E_a$ は自由変数 $E_x$ をもち，$E_b$ は $E_a$ の $E_x = a$ の場合の反証列である．

$$\exists x (\mathrm{Var}(x) \wedge \mathrm{Part}(x,a) \wedge \mathrm{Proof}(b) \wedge$$
$$\exists w [w' = 2^a \wedge (2^{14} \star 2^2 \star \mathrm{sub}_a(x, 2^1 \star w) \star 2^3 \in b)])$$

このとき以下が成り立つ．

(1)　i) $G^{(0)}(a,b)$ が真であれば $\vdash g^{(0)}(\lceil a \rceil, \lceil b \rceil)$ が成り立つ．

　　ii) $G^{(0)}(a,b)$ が偽であれば $\vdash \neg g^{(0)}(\lceil a \rceil, \lceil b \rceil)$ が成り立つ．

(2)　i) $H^{(0)}(a,b)$ が真であれば $\vdash h^{(0)}(\lceil a \rceil, \lceil b \rceil)$ が成り立つ．

　　ii) $H^{(0)}(a,b)$ が偽であれば $\vdash \neg h^{(0)}(\lceil a \rceil, \lceil b \rceil)$ が成り立つ．

**定義 11.3** $q^{(0)}$ を式

$$\forall b [\neg g^{(0)}(a,b) \vee \exists c (c \leq b \wedge h^{(0)}(a,c))]$$

のゲーデル数とする．すなわち

$$A_{q^{(0)}}(a) = \forall b [\neg g^{(0)}(a,b) \vee \exists c (c \leq b \wedge h^{(0)}(a,c))]$$

とし，$S^{(0)}$ におけるロッサー文を以下のように定義する．

$$A_{q^{(0)}}(\lceil q^{(0)} \rceil)$$
$$= \forall b [\neg g^{(0)}(\lceil q^{(0)} \rceil, b) \vee \exists c (c \leq b \wedge h^{(0)}(\lceil q^{(0)} \rceil, c))].$$

146 第11章 数学は矛盾している？

このとき $S^{(0)}$ に対するロッサー型のゲーデルの不完全性定理は以下のようであった．後のために証明を再述する．

**補題 11.4** $S^{(0)}$ が無矛盾であれば $A_{q^{(0)}}(\lceil q^{(0)} \rceil)$ および $\neg A_{q^{(0)}}(\lceil q^{(0)} \rceil)$ のいずれも $S^{(0)}$ において証明可能でない．

証明 いま自然数論の体系 $S^{(0)}$ が無矛盾であると仮定しよう．

このとき

$$\vdash A_{q^{(0)}}(\lceil q^{(0)} \rceil) \text{ in } S^{(0)}$$

であると仮定し，$e^{(0)}$ を式 $A_{q^{(0)}}(\lceil q^{(0)} \rceil)$ の $S^{(0)}$ における証明のゲーデル数とする．すると $G^{(0)}(a,b)$ は数値的に表現可能であるから

$$\vdash g^{(0)}(\lceil q^{(0)} \rceil, \lceil e^{(0)} \rceil) \tag{11.1}$$

が成り立つ．$S^{(0)}$ が無矛盾であるという仮定から

$$\vdash A_{q^{(0)}}(\lceil q^{(0)} \rceil) \text{ in } S^{(0)}$$

は

$$\text{not } \vdash \neg A_{q^{(0)}}(\lceil q^{(0)} \rceil) \text{ in } S^{(0)}$$

を含意する．よって任意の自然数 $d$ に対し $H^{(0)}(q^{(0)}, d)$ は偽であり，特に $H^{(0)}(q^{(0)}, 0), \cdots, H^{(0)}(q^{(0)}, e^{(0)})$ はすべて偽である．これより $H^{(0)}(a, c)$ の数値的表現可能性から

$$\vdash \neg h^{(0)}(\lceil q^{(0)} \rceil, \lceil 0 \rceil), \cdots, \vdash \neg h^{(0)}(\lceil q^{(0)} \rceil, \lceil e^{(0)} \rceil)$$

が成り立つ．したがって

$$\vdash \forall c(c \leq \lceil e^{(0)} \rceil \Rightarrow \neg h^{(0)}(\lceil q^{(0)} \rceil, c))$$

## 11.1. ロッサー型の不完全性定理再見　147

であり，これと式 (11.1) の $\vdash g^{(0)}(\ulcorner q^{(0)} \urcorner, \ulcorner e^{(0)} \urcorner)$ より

$$\vdash \exists b[g^{(0)}(\ulcorner q^{(0)} \urcorner, b) \land \forall c(c \leq b \Rightarrow \neg h^{(0)}(\ulcorner q^{(0)} \urcorner, c))]$$

が得られる．これは

$$\vdash \neg A_{q^{(0)}}(\ulcorner q^{(0)} \urcorner) \text{ in } S^{(0)}$$

と同値であるから $S^{(0)}$ が無矛盾であることに矛盾する．したがって

$$\text{not } \vdash A_{q^{(0)}}(\ulcorner q^{(0)} \urcorner) \text{ in } S^{(0)}$$

となる．

逆に

$$\vdash \neg A_{q^{(0)}}(\ulcorner q^{(0)} \urcorner) \text{ in } S^{(0)}$$

と仮定すると $\neg A_{q^{(0)}}(\ulcorner q^{(0)} \urcorner)$ の $S^{(0)}$ における証明のゲーデル数 $k^{(0)}$ が存在する．したがって

$$\mathbf{H}^{(0)}(q^{(0)}, k^{(0)}) \text{ は真である．}$$

よって $\mathbf{H}^{(0)}(a, c)$ の数値的表現可能性より

$$\vdash h^{(0)}(\ulcorner q^{(0)} \urcorner, \ulcorner k^{(0)} \urcorner)$$

であり，これより

$$\vdash \forall b[b \geq \ulcorner k^{(0)} \urcorner \Rightarrow \exists c(c \leq b \land h^{(0)}(\ulcorner q^{(0)} \urcorner, c))] \quad (11.2)$$

となる．$S^{(0)}$ が無矛盾であり，$\neg A_{q^{(0)}}(\ulcorner q^{(0)} \urcorner)$ は $S^{(0)}$ において証明可能と仮定したから $A_{q^{(0)}}(\ulcorner q^{(0)} \urcorner)$ の $S^{(0)}$ における証明は存在しない．したがって

$$\vdash \neg g^{(0)}(\ulcorner q^{(0)} \urcorner, \ulcorner 0 \urcorner), \cdots, \vdash \neg g^{(0)}(\ulcorner q^{(0)} \urcorner, \ulcorner k^{(0)} \urcorner - \ulcorner 1 \urcorner)$$

が成り立ち，とくに

$$\vdash \forall b[b < \lceil k^{(0)} \rceil \Rightarrow \neg g^{(0)}(\lceil q^{(0)} \rceil, b)] \tag{11.3}$$

がいえる．式 (11.2) と (11.3) により

$$\vdash \forall b[\neg g^{(0)}(\lceil q^{(0)} \rceil, b) \vee \exists c(c \leq b \wedge h^{(0)}(\lceil q^{(0)} \rceil, c))],$$

が得られるが，これは

$$\vdash A_{q^{(0)}}(\lceil q^{(0)} \rceil).$$

であり，$S^{(0)}$ が無矛盾であることに矛盾する．したがって

$$\text{not } \vdash \neg A_{q^{(0)}}(\lceil q^{(0)} \rceil) \text{ in } S^{(0)}$$

でなければならない． □

## 11.2 $S^{(0)}$ の無矛盾拡大

この補題 11.4 により $A_{q^{(0)}}(\lceil q^{(0)} \rceil)$ あるいは $\neg A_{q^{(0)}}(\lceil q^{(0)} \rceil)$ のどちらか一方を $A_{(0)}$ とし，これを $S^{(0)}$ の新しい公理として付け加えた形式的体系 $S^{(1)}$ を作ると

$$S^{(1)} \text{は無矛盾である．} \tag{11.4}$$

がいえる．

定理 11.2 における $S^{(0)}$ に対するものと同じゲーデル ナンバリングを体系 $S^{(1)}$ に与え，定義 11.1 および定義 11.3 を以下のようにこの拡大された体系 $S^{(1)}$ に拡張する．

## 11.2. $S^{(0)}$ の無矛盾拡大

1) $G^{(1)}(a,b)$ は以下の意味の述語である.

   「ゲーデル数 $a$ を持つ式 $A_a$ は丁度一つの自由変数 $x$ を持ち, ゲーデル数 $b$ を持つ記号列 $E_b$ は $A_a = A_a(x)$ において $x = \lceil a \rceil$ とした式の証明列である」

2) $H^{(1)}(a,b)$ は以下の意味の述語である.

   「ゲーデル数 $a$ を持つ式 $A_a$ は丁度一つの自由変数 $x$ を持ち, ゲーデル数 $b$ を持つ記号列 $E_b$ は $\neg A_a = \neg A_a(x)$ において $x = \lceil a \rceil$ とした式の証明列である」

前と同様に述語 $\mathbf{G}^{(1)}(a,b)$ および $\mathbf{H}^{(1)}(a,c)$ はそれぞれ対応する式 $g^{(1)}(a,b)$, $h^{(1)}(a,c)$ により $S$ において数値的に表現可能である.

3) $q^{(1)}$ を式

$$\forall b[\neg g^{(1)}(a,b) \vee \exists c(c \leq b \wedge h^{(1)}(a,c))]$$

のゲーデル数とする. すなわち

$$A_{q^{(1)}}(a) = \forall b[\neg g^{(1)}(a,b) \vee \exists c(c \leq b \wedge h^{(1)}(a,c))]$$

とする. このとき

$A_{q^{(1)}}(\lceil q^{(1)} \rceil)$
$= \forall b[\neg g^{(1)}(\lceil q^{(1)} \rceil, b) \vee \exists c(c \leq b \wedge h^{(1)}(\lceil q^{(1)} \rceil, c))]$

である.

$\mathbf{G}^{(1)}(a,b)$ および $\mathbf{H}^{(1)}(a,c)$ に対する数値的表現可能性と式 (11.4) に述べた $S^{(1)}$ の無矛盾性を用い補題 11.4 と同様にして

$\text{not } \vdash A_{q^{(1)}}(\lceil q^{(1)} \rceil)$ かつ $\text{not } \vdash \neg A_{q^{(1)}}(\lceil q^{(1)} \rceil)$ in $S^{(1)}$

が得られる．

そこで $A_{q^{(1)}}(\lceil q^{(1)} \rceil)$ あるいは $\neg A_{q^{(1)}}(\lceil q^{(1)} \rceil)$ のどちらか一方を $A_{(1)}$ とし，これを $S^{(1)}$ の新しい公理として付け加えた体系を $S^{(2)}$ とすると $S^{(2)}$ は無矛盾になる．

同様のプロセスを続けることにより任意の自然数 $n(\geq 0)$ に対し

$$S^{(n)} \text{ は無矛盾である} \tag{11.5}$$

および

$$\text{not} \vdash A_{q^{(n)}}(\lceil q^{(n)} \rceil) \text{ かつ not} \vdash \neg A_{q^{(n)}}(\lceil q^{(n)} \rceil) \text{ in } S^{(n)} \tag{11.6}$$

が得られる．

## 11.3 $S^{(0)}$ の無矛盾無限拡大

いま $S^{(0)}$ に

$$A_{(n)} = A_{q^{(n)}}(\lceil q^{(n)} \rceil) \text{ あるいは } \neg A_{q^{(n)}}(\lceil q^{(n)} \rceil) \ (n \geq 0)$$

のすべてを公理として付け加えた体系を $S^{(\omega)}$ と表すと，式(11.5)より $S^{(\omega)}$ は無矛盾である．さらに $\hat{q}(n)$ を式 $A_{(n)}$ のゲーデル数とすれば，式 $A_{(j)}$ は $i < j$ なる体系 $S^{(i+1)}$ においては証明可能でないことから $i < j$ なら体系 $S^{(j)}$ は $S^{(i)}$ の真の拡大である．ゆえに $i < j$ なる任意の $i, j$ に対し $\hat{q}(i) < \hat{q}(j)$ である．したがって与えられた式 $A_r$ でゲーデル数 $r$ を持つものを $\hat{q}(n) \leq r$ なる有限個の公理式 $A_{(n)}$ と比較することに

## 11.3. $S^{(0)}$ の無矛盾無限拡大

より $A_r$ が $A_{(n)}$ という形を持つ公理か否かを判定できる[3]. このことから可算個の公理 $A_{(n)}$ $(n \geq 0)$ すべてを $S^{(0)}$ に加えた体系 $S^{(\omega)}$ に対し定理 11.2 における $S^{(0)}$ に対するものと同じゲーデル ナンバリングを与えると以下の二つのメタレベルの述語が定義される.

1) $G^{(\omega)}(a,b)$ は以下の意味の述語である.

   「ゲーデル数 $a$ を持つ式 $A_a$ は丁度一つの自由変数 $x$ を持ち, ゲーデル数 $b$ を持つ記号列 $E_b$ は $A_a = A_a(x)$ において $x = \lceil a \rceil$ とした式の証明列である」

2) $H^{(\omega)}(a,b)$ は以下の意味の述語である.

   「ゲーデル数 $a$ を持つ式 $A_a$ は丁度一つの自由変数 $x$ を持ち, ゲーデル数 $b$ を持つ記号列 $E_b$ は $\neg A_a = \neg A_a(x)$ において $x = \lceil a \rceil$ とした式の証明列である」

述語 $G^{(\omega)}(a,b)$, $H^{(\omega)}(a,b)$ はそれぞれ対応する式 $g^{(\omega)}(a,b)$, $h^{(\omega)}(a,c)$ により $S$ において数値的に表現可能である[4].

3) $q^{(\omega)}$ を式

$$\forall b[\neg g^{(\omega)}(a,b) \vee \exists c(c \leq b \wedge h^{(\omega)}(a,c))]$$

---

[3] 実際 $\hat{q}(n)$ の単調性とその再帰的構成から $A_r$ が $A_{(n)}$ という形を持つ公理か否かは再帰的に判定される. cf. e.g. [1], Chapter 5. しかし我々はメタレベルにおいても選択公理を持った集合論いわゆる ZFC を仮定している. したがって仮にこの判定を再帰的に行うことができなくとも ZFC の公理を用いてメタのレベルの集合論によりこの判定を行うことができる.

[4] 定理 10.2 の証明において述語 $G(a,b)$, $H(a,b)$ の再帰性は用いていないことに注意されたい. すなわちメタレベルの集合論的述語 $G^{(\omega)}(a,b)$, $H^{(\omega)}(a,b)$ は対象理論たる集合論 ZFC を形式化した体系 $S$ においてその形式的式 $g^{(\omega)}(a,b)$, $h^{(\omega)}(a,c)$ により定理 10.2 のように直接的に表現される.

のゲーデル数とする．すなわち

$$A_{q^{(\omega)}}(a) = \forall b[\neg g^{(\omega)}(a,b) \lor \exists c(c \leq b \land h^{(\omega)}(a,c))]$$

とする．このとき

$$A_{q^{(\omega)}}(\ulcorner q^{(\omega)}\urcorner)$$
$$= \forall b[\neg g^{(\omega)}(\ulcorner q^{(\omega)}\urcorner, b) \lor \exists c(c \leq b \land h^{(\omega)}(\ulcorner q^{(\omega)}\urcorner, c))]$$

である．

以上より補題 11.4 と同様にして $S^{(\omega)}$ の無矛盾性から

not $\vdash A_{q^{(\omega)}}(\ulcorner q^{(\omega)}\urcorner)$ かつ not $\vdash \neg A_{q^{(\omega)}}(\ulcorner q^{(\omega)}\urcorner)$ in $S^{(\omega)}$

が得られる．

## 11.4 $S^{(0)}$ の無矛盾超限無限拡大

そこで

$$A_{(\omega)} = A_{q^{(\omega)}}(\ulcorner q^{(\omega)}\urcorner) \quad \text{あるいは} \quad \neg A_{q^{(\omega)}}(\ulcorner q^{(\omega)}\urcorner)$$

とおいてこれを $S^{(\omega)}$ の公理として加えて得られる体系を $S^{(\omega+1)}$ と表すと以上と同様にして

$S^{(0)}$ が無矛盾ならば $S^{(\omega+1)}$ も無矛盾である

がいえる．

以下同様にこれらのプロセスを超限帰納法により繰り返すことにより任意の順序数 $\alpha$ に対し $S^{(0)}$ の拡大である形式的体系 $S^{(\alpha)}$ が作れて[5]

---

[5]このような構成法を超限再帰的構成とも呼ぶ．前脚注 3, 4 を参照されたい．

$S^{(0)}$ が無矛盾ならば $S^{(\alpha)}$ も無矛盾である

がいえる．

ところが任意の順序数 $\alpha$ に対し体系 $S^{(\alpha)}$ が構成できるとすると各段階で付加される公理 $A_{(\alpha)}$ の総数は可算個より多くなる[6]．しかし論理式は高々可算個の原始記号を任意有限個並べて得られるものであり従って総数で高々可算である．これは矛盾である．したがってこのような拡大はある可算の順序数 $\beta_0$ で終わらなければならない[7]．すなわち以下が成り立つ．

**定理 11.5** ある可算順序数 $\beta_0$ で極限数であるものが存在し $\alpha = \beta_0$ においては体系 $S^{(\alpha)}$ には決定不可能な命題は存在せず，$S^{(\beta_0)}$ は完全である．言い換えれば $S^{(\beta_0)}$ をそれ以上拡大すると拡大された体系は矛盾する．

**証明** 他は明らかであるから $\beta_0$ が極限数であることを示せばよい．実際 $\beta_0 = \delta + 1$ の形をしていれば $S^{(\beta_0)}$ は $S^{(\delta)}$ に公理 $A_{(\delta)}$ を加えて得られるが，この場合上に述べたと同様にして $S^{(\beta_0)} = S^{(\delta+1)}$ は無矛盾性を保って拡大でき，拡大が $\beta_0$ で終わるという事実と矛盾する． □

---

[6] これは選択公理を仮定しているからである．[27] 第 8.3 節，特に 199 頁の第 6〜9 行および第 8.2 節，定理 8.10 の超限帰納法的構成を見られたい．

[7] このことは形式的集合論 $S$ の原始記号の個数が可算より大きいと仮定しても同様である．この場合たしかに論理式の個数は可算より大になりうる．しかし付加してよい公理 $A_{(\alpha)}$ は体系 $S^{(\alpha)}$ の決定不能命題であり，$A_{(\alpha)}$ がそのような命題であるためには $\alpha$ は可算順序数である必要がある．すなわちゲーデル述語 $G^{(\alpha)}(a,b)$ が $S$ において数値的に表現可能であるためには $\alpha$ は高々可算である必要がある．

## 11.5 チャーチ-クリーネ順序数

基礎論のほうでは付け加えられる公理 $A_{(\alpha)}$ として「$S^{(\alpha)}$ が無矛盾である」という意味の命題式 $\text{Consis}_{(\alpha)}$ を考えることが多い．この命題自体ゲーデルの第二不完全性定理により一般に $S^{(\alpha)}$ において決定不可能である．このような命題を公理として付加する場合基礎論のほうでは上述の拡大のプロセスはチャーチ-クリーネ順序数 (Church-Kleene ordinal) と呼ばれる可算の順序数 $\omega_1 = \omega_1^{CK}$ で終わると考えられている[8]．すなわち $\beta_0 = \omega_1$ である．たとえば Feferman によれば

$$\omega_1 < \omega^{\omega^{\omega^2}}$$

である．

このことが正しければ定理 11.5 より我々の考えている体系 $S^{(\alpha)}$ の拡大は $\alpha = \omega_1$ でストップし，$S^{(0)}$ が無矛盾なら $S^{(\omega_1)}$ はそれ以上無矛盾性を保って拡大することはできない．すなわち $S^{(0)}$ が無矛盾なら $S^{(\omega_1)}$ は完全である．

この順序数 $\omega_1$ は定理 11.5 より極限数であり，したがって $\omega_1$ は可算な極限数である．よって可算個の単調増大な順序数列 $\alpha_n < \omega_1$ $(n = 0, 1, 2, \ldots)$ を用いて

$$\omega_1 = \bigcup_{n=0}^{\infty} \alpha_n$$

と書ける．$S^{(\omega_1)}$ の公理 $A_{(\gamma)}$ $(\gamma < \omega_1)$ は $S^{(\alpha_n)}$ の公理 $A_{(\gamma)}$ $(\gamma < \alpha_n)$ の和集合である．そして $\gamma < \alpha_n$ に対する $\hat{q}(\gamma)$ の定

---

[8] たとえば A. M. Turing の論文 Systems of logic based on ordinals, Proc. London Math. Soc., ser. 2, **45** (1939), 161–228 や S. Feferman の論文 Transfinite recursive progressions of axiomatic theories, Journal Symbolic Logic, **27** (1962), 259-316 あるいは [1], §16.2 などを見られたい．$\omega_1^{CK}$ が可算である根拠は前脚注 7 に述べたことである．

## 11.5. チャーチ-クリーネ順序数

義により各 $S^{(\alpha_n)}$ において与えられた式 $A_r$ が $S^{(\alpha_n)}$ の公理か否かは $\hat{q}(\gamma) \leq r$ なる有限個の $\gamma$ に対し $A_{(\gamma)} = A_r$ か否かを見ることにより決定できる。したがって与えられた $A_r$ が $S^{(\omega_1)}$ の公理か否か、を見るには $\hat{q}(\gamma) \leq r,\ \gamma < \omega_1$ なる有限個の $\gamma$ について $A_{(\gamma)} = A_r$ か否かを見ればよいが

$$\omega_1 = \bigcup_{n=0}^{\infty} \alpha_n$$

により

$$\hat{q}(\gamma) \leq r \wedge \gamma < \omega_1 \Leftrightarrow \exists n\ [\hat{q}(\gamma) \leq r \wedge \gamma < \alpha_n]$$

であるから「与えられた式 $A_r$ が $S^{(\omega_1)}$ の公理か否か」は $n$ についての帰納法により決定できる。

ゆえに

1) $G^{(\omega_1)}(a,b)$ は以下の意味の述語である。

   「ゲーデル数 $a$ を持つ式 $A_a$ は丁度一つの自由変数 $x$ を持ち、ゲーデル数 $b$ を持つ記号列 $E_b$ は $A_a = A_a(x)$ において $x = \lceil a \rceil$ とした式の証明列である」

2) $H^{(\omega_1)}(a,b)$ は以下の意味の述語である。

   「ゲーデル数 $a$ を持つ式 $A_a$ は丁度一つの自由変数 $x$ を持ち、ゲーデル数 $b$ を持つ記号列 $E_b$ は $\neg A_a = \neg A_a(x)$ において $x = \lceil a \rceil$ とした式の証明列である」

とおくとこれらは $S^{(\omega_1)}$ においてそれぞれ対応する式 $g^{(\omega_1)}(a,b)$, $h^{(\omega_1)}(a,c)$ により $S$ において数値的に表現可能である。したがって $S^{(\omega_1)}$ の式

$$A_{q^{(\omega_1)}}(a) = \forall b[\neg g^{(\omega_1)}(a,b) \vee \exists c(c \leq b\ \wedge\ h^{(\omega_1)}(a,c))]$$

のゲーデル数 $q^{(\omega_1)}$ がきちんと定義される．したがって体系 $S^{(\omega_1)}$ の決定不能式

$$A_{q^{(\omega_1)}}(\lceil q^{(\omega_1)} \rceil))$$

が定義され不完全性定理が体系 $S^{(\omega_1)}$ に対しても成り立ち $S^{(\omega_1)}$ は不完全である．ところがこれは上述の定理 11.5 からの帰結

> 「体系 $S^{(\alpha)}$ の拡大は $\alpha = \omega_1$ でストップし，$S^{(0)}$ が無矛盾なら $S^{(\omega_1)}$ はそれ以上無矛盾性を保って拡大することはできない．すなわち $S^{(0)}$ が無矛盾なら $S^{(\omega_1)}$ は完全である．」

に矛盾する．

以上の議論はチャーチ-クリーネ順序数を持ち出さなくとも，定理 11.5 で述べられた $\beta_0$ の可算性を用いれば同じ議論ができることに注意しよう．したがって本節で述べた「矛盾」はすでに定理 11.5 の内容だけから帰結する．

このようにメタのレベルにおいても集合論が成り立つと仮定し集合論的論理を対象理論である形式的集合論自身に適用しようとすると矛盾が生ずる．

ヒルベルトのプログラムでは有限の立場に立ち，メタのレベルでは有限回の操作しか許さないとし，その上で対象世界では有限を超えた無限の存在を扱おうとする．こうする上では以上述べたような矛盾は生じないが，対象世界が無矛盾と仮定すると不完全になる．さらにこの無矛盾性自体が有限の立場では決定不可能となる．

## 11.5. チャーチ-クリーネ順序数

しかしこれを逆手に取り，メタのレベルと同様に対象の世界自体も有限の立場に立つものとすると矛盾は生ぜず，かつ対象理論は完全になる．正確に言えば対象理論たる集合論において無限公理を仮定しなければ対象世界とメタの世界は互いに対称になりかつこの設定において対象世界は完全かつ無矛盾となる．上記で矛盾が現れたのは対象世界およびメタの世界の両者において対称的にないし反射的(reflexive)に無限公理を措定したためである．すなわち問題が生じたのは「無限」という実体が対象世界およびメタの世界において存在すると仮定したからであり，「無限」が実体ではなく，ある「仮想の存在である」とすれば数学は無矛盾かつ完全なまま存在する．すなわち「数学的実体は計算可能なもののみであり，無限はその計算可能性を探る補助的手段である」という立場に立てばヒルベルトのテーゼ「無矛盾性と完全性を数学理論の健全性の証とする」は復活する．

次章ではこの問題をもう少し掘り下げて見てみよう．

# 第12章 自己言及と矛盾性

第11章で見たように集合論の部分系としての自然数論 $S^{(0)}$ に対し不完全性定理を繰り返し適用し、$S^{(0)}$ において決定できない命題式を公理として付け加え拡大してゆくと最後はある可算の順序数 $\beta_0$ において拡大された $S^{(\beta_0)}$ は完全となり決定不可能な命題は存在しなくなるはずであった。しかしこの $S^{(\beta_0)}$ においてもゲーデル文ないしロッサー文を構成することができ、不完全性定理の証明は有効であった。したがって $S^{(\beta_0)}$ においても決定できないロッサー文が構成できることを見た。これは矛盾である。

## 12.1 矛盾の原因

この矛盾はメタのレベルにおいて集合論を制限なく対象レベルにおける集合論と同じ程度に使えると仮定したことが原因であることを述べた。超数学の原点に帰り、メタのレベルでは有限の立場における論法しか用いることができないとすれば、$S^{(0)}$ の拡大は通常の数学的帰納法的な拡大しか行えない。したがって $S^{(0)}$ の拡大は高々 $S^{(\omega)}$ までしか許容されずこのように拡大しても $S^{(\omega)}$ は不完全であり、それ以上拡大することはメタレベルの論法の能力から行うことができない[1]。したがって上述のような矛盾は生じない。

---
[1] 有限の立場における数学では $\omega = \{0, 1, 2, \ldots\}$ のような無限集合は考えられないからである。

160　第 12 章　自己言及と矛盾性

　上の矛盾を見ればそれはメタレベルと対象レベルの世界が反射的ないし対称的であり，両者において集合論が成り立つと仮定したことが原因であることはすでに述べた．メタレベルを有限の立場に制限しこの反射性を保とうとすれば対象レベルの世界でも有限の立場を取ることになる．このようにすればメタおよび対象のレベル双方において矛盾は生じない．すなわち対象レベルにおける考察も直観主義のいう有限数の考察に限ればメタおよび対象レベルの反射性を保つことができかつ双方とも無矛盾にすることができる．

　以上述べた事柄はゲーデルの定理の証明の論法に問題がないとした場合の話である．すでに諸処で触れたとおりゲーデルの証明は自己言及ないしメタレベルの数を対象レベルの数に代入するというある種の「混同」を許容することから可能となったことを見た．すなわち明確には第 7 章冒頭に述べたようにメタレベルの自然数 $n$ を対象レベルにおいて $\lceil n \rceil$ として式 $F(n)$ に代入するという操作を

$$F(\lceil n \rceil) \stackrel{def}{=} \forall x \, (x = n \Rightarrow F) \qquad (12.1)$$

により定義した．しかしここではメタレベルと対象レベルの間の明確な「混同」が行われていた．これはメタレベルの数 $n$ を対象レベルの数 $\lceil n \rceil$ と同一視するという点でラッセルの還元公理に対応する暗黙の仮定である．ゲーデルの原論文において考察されている自然数論はラッセルのプリンキピア マテマティカの体系を用いるため還元公理が仮定されている．しかし今上に述べた「還元公理」と対比された「暗黙の仮定」はこの明示的にゲーデルの原論文において書かれている還元公理ではない．ゲーデル原論文の主要結果である (3), (4) 式において行われている「メタレベルの数 $x_j$ が与えられたとき対

象レベルの数 $Z(x_j)$ を作り対象レベルの式 $r(u_1, \ldots, u_n)$ の変数 $u_j$ に代入する」際に行われている「暗黙の仮定」について述べているのである．すなわちメタレベルの数 $x_j$ から対象レベルの数 $Z(x_j)$ を作る作業においてメタと対象のレベルの間の混同が行われていることを指摘しているのである．

## 12.2　自己言及と矛盾

第 10 章 10.4 節に述べたように第二不完全性定理はヒルベルトの形式主義の立場「無限を扱う古典数学を形式的公理論として有限の立場から扱うことによりその無矛盾性ないし整合性を示し，理論の健全性の証とする」に対し，その不可能性を示したものと通常とらえられ，たしかに完全に統語論的方法で不完全性定理が示されればこの解釈は正しいであろう．しかし以上見たようにすでに第一不完全性定理の証明においてメタレベルの自然数 $n$ を体系内の自然数 $[n]$ に置き換える際に「意味論的な解釈」が行われているのである．これは第 1 章で触れた「自己言及」であった．そしてメタレベルと対象レベルの間の反射性ないし対称性とはこの自己言及ないしレベル間の混同のことであった．

したがって本当の矛盾の原因は「自己言及」を許したことにあると言ってよい．しかし人間にとり「語ると言うことは自己言及以外の何者でもない」ことは第 1 章に述べたとおりである．

ならば「人間であること」をやめないでしかも以上に見た矛盾を避けるにはどうしたらよいであろうか？

以上見たように「自己言及」とはメタレベルと対象レベル

の間の混同であった．この混同を許容する場合，矛盾を避ける唯一の道は「有限の対象」のみを「語る」ことである．

おそらく言語を持たない，ないし言語の「記号化」を有しない人間以外の生物には我々の出会った問題は生じないであろう．自己言及は言語ないし言語の記号化を有する人間固有のものではないかと思われる．事物を具体的に操作する力を有した人間において言語はその最たる道具であり，言語を有すると言うことは事物や自然に働きかける力を人間に与えた．しかし物事には必ず何らかの副作用があるものである．言語は人間に力を与えたが同時に自己言及を許し人間を「無限循環」に陥らせる可能性も与えたのである．

## 12.3　自己言及の制限

第2章で見たようにラッセルのパラドクスのような自己言及が原因と思われる矛盾は数学を形式的公理論に書き出し矛盾なく形式的体系を構成できれば解決するという形式主義を生み出した．この方向でラッセルのパラドクスを回避することは形式的公理論的集合論により行われた．またブラリ-フォルティの順序数全体の矛盾やカントールの集合全体の矛盾はやはり形式的公理論的集合論の体系化によりそのような集まりを「集合」とは見なさないとすることにより解決された[2]．

他にも自己言及で問題になった事柄はいくつもある．たとえば impredicative definition[3] というものがある．これは集合 $M$ とある対象 $m$ が以下のように定義されている状況を言う．

---
[2] 詳しくは [27] 第7, 8 章を参照されたい．
[3] 「非叙述的定義」とでも訳すのであろうか？

## 12.3. 自己言及の制限

すなわち一方で $m$ は $M$ の元であり,他方で $m$ の定義が $M$ に依存しているときをいう.同様にある性質 $P$ に対し,その定義が $P$ に依存する対象 $m$ が性質 $P$ を満たすときもこの用語を用いる.この場合上の集合 $M$ は性質 $P$ を有する元の全体である.このような定義は明らかに「循環的」である.ポアンカレ (1905-6) やラッセルはパラドクスはこのような vicious circle (悪循環) によるのであり,このような循環は禁止されるべきであると説いた (Russell の vicious circle principle (1906)).この禁止によりラッセルのパラドクスや集合全体のパラドクスは回避されるが,以下の解析学における実例はどうであろうか?

実数論における実数の部分集合 $M$ の上限 $\sup M$ の定義は以下のようである.デデキントの切断による実数論の構成において上限は以下のように定義される.$\mathbb{R}$ を実数の全体とし $\mathbb{Q}$ を有理数の全体とする.$\mathbb{R}$ の元 $\alpha$ は有理数の集合で以下の三つの性質により規定される.

1. $\alpha \neq \emptyset, \quad \alpha^c := \mathbb{Q} - \alpha = \{s | s \in \mathbb{Q} \ \wedge \ s \notin \alpha\} \neq \emptyset$.

2. $r \in \alpha, s < r, s \in \mathbb{Q} \Rightarrow s \in \alpha$.

3. $\alpha$ は最大元を持たない.

一般に実数の集合 $M$ が与えられたとき $M$ の上限 $\sup M$ は $M$ の和集合

$$\bigcup M = \bigcup_{\alpha \in M} \alpha$$

によって定義される.そして一般の場合集合 $M$ は $\mathbb{R}$ の元 $m$ であり,かつこれこれの性質を満たす元 $m$ の全体として定義される.この場合上の $\sup M = \cup M \in \mathbb{R}$ の定義は実数の全

体 $\mathbb{R}$ から始め実数 $\mathbb{R}$ の元 $\sup M$ を定義しているという意味で impredicative definition である．

この批判に対し上の上限の定義は実数 $\sup M$ 自身をこの定義によって「作り出している」のではなく単に $\mathbb{R}$ から選び出す規則を与えているにすぎないとする反論もある．しかし集合全体のクラスを $C$ と書くときラッセルのパラドクスにおける集合 $\{x \mid x \in C,\ x \notin x\}$ も集合全体のクラス $C$ の中から $x \notin x$ なる元 $x \in C$ を選び出しており，上の $\sup M$ の定義が許容されるならラッセル集合の定義も許容されねばならない．

このように単に「循環」を排除するだけではパラドクスを除外することはできても，他に有用で不可欠なものも排除してしまうことが理解されてきた．

このような背景のもとに形式的体系により集合をシステムとして規定し，それにより矛盾を排除するという公理論的集合論が有用であることが理解されてきた．ここにおいて形式主義の形式的体系という概念の有用性が認識されたと言ってよいと思われる．このことはユークリッドにさかのぼる数学の公理論的記述が現在においても有効であることを再認識させる事実である．

第10.4節に述べたタルスキの定理

> 言語 $\mathcal{L}$ の真理集合 $T$ は，言語 $\mathcal{L}$ 内の文では言及できない．つまり，真であることを示す述語 $T$ は，言語 $\mathcal{L}$ 内に存在してはならない．

も同様のことを示唆している．すなわちまとめれば以下のようになる．

> 物事の真理性はそのものに言及できるものではなく

システムとして公理論的に認識されるものである.

## 12.4 自己言及の制限としてのシステム

以上に見たようにパラドクスないし矛盾の原因は自己言及であり，人間の持っている言語そのものおよびその記号化にさかのぼるものである．而してこの原因を取り除くことは人間であることをやめることに等しいことも見てきた．このような状況で我々のとりうる道は中庸の道を取り，矛盾の原因を局所的な点に「絞る」ことによってそれを取り除くことではなく，システムとして記述し直すことにより総体として矛盾が起こらないようにするという方策であった．

これらのことを数学に限定してつづめて述べれば以下のようになるであろう．

定理 **12.1**

1) 自己言及を許容するならば，思考の対象をいくらでも大きな有限数に制限しなければ矛盾が生ずる．

2) 自己言及を厳密な意味で行わないで済めば無限は存在しても矛盾は生じない．ただしこの場合我々は自身についてのみならず，存在を許容される「無限」についても「語る」ことはできないであろう．「語る」ということは必然的に自己言及を伴うからである．しかしながら「語る」ということに必要に応じて適切な制限を加えることによって「当面の矛盾」を避けることは可能であろう．

実際公理論的集合論は常に矛盾の発生の危機にさらされているが矛盾が発見された段階で新たな制限を設ければまたしばらくは当面の「無矛盾性」を保っていられるであろう．

## 12.5 結語に代えて

以上ゲーデルの不完全性定理を巡る話題について肝要と思われる点を述べてきた．その教訓は何事にも最終点というものは存在しないと言うことであろう．これでよいと思った瞬間に次の問題が現れている．人間は常に次に対処すべく運命づけられているのであろう．その「次の問題」はたいていは人間自身によって生み出された問題であることが多いのであるが，これは「次の問題」は自己言及から生ずるのだと言うことを示唆しているのかもしれない．このように自己言及は無限に続く作業なのであろう．

科学のみならず人間の行うことは彼ないし彼女の作業仮説 (Working Hypotheses) から起こされる行動であり，言述である．すべて仮説の検証という形に考えることができよう．

ゲーデルの結果もライプニッツ以来の作業仮説「数学を記号で書き出し数学の定理を計算機械によって生成する」に対する一つのネガティブな答えとも見ることができる．しかし上に見たようにここには一つ暗黙の仮定が行われていた．この仮定「メタと対象レベルの同一視」とは人間の本来持っている特性であろうことを述べた．これに対し impredicative definition のような循環そのものを排除するというように問題そのものに局所的 (local) に対処する方策をとるのではなく，形式的体系としての公理論的集合論を用いてシステムとして大域的 (global)

## 12.5. 結語に代えて

な方策により対処するという術を人間は20世紀において学んだのだと言ってよいであろうことに言及した．

おそらくこの「術」も将来は過去の「作業仮説」として他のものに替えられる，ないし，変容したかたちで述べられるであろう．すべて無限に続く仮説の検証と仮説の建て直しであろう．

もし人間が生み出した計算機械のみが将来残り，その機械が計算することのみが真理で検証する人間がいなくなったとしたら，ゲーデルの定理のようなことを言う存在はいなくなるであろう．そうすればこのような問題も生ぜず，機械たちは平和裏に「すべての数学の定理」を生み出してゆくかもしれない．

数学を公理論として書き出し，真理概念について直接言及することをしない，という20世紀に得た人類の知恵はこのような「システム」に人間が自身をゆだねようと言う方向性を示唆しているのかもしれない．

# あとがき

　本書は『理系への数学』への連載としてゲーデルの不完全性定理について書いてほしいと富田栄社長に依頼されたものをまとめたものである．当初は「専門家ではないので」と辞退しようと思ったのだが，「門外漢とは思っておりません」と富田社長に励ましのお言葉を戴き，また自分でもこの定理については自身の覚え書きをいつかまとめたいと思っていたこともあり，誘惑に抗しきれず書き出したものをまとめたものである．

　冒頭に書いたクリーネの本は筆者が学生の頃読み出したものであり，格好の時間を与えてもらった本である．このころから自分で学ぶということを体得し，授業に出て得るものより自身の努力で得たものを大切にする習慣がついてしまった．

　懐かしい時代を思い出す機会を与えていただいた富田社長に感謝の意を表する．

2011 年 4 月 東京にて<br>
北 田　　均

# 関 連 文 献

[1] S. B. Cooper, Computability Theory, Chapman & Hall/CRC, 2004.

[2] S. Feferman, *Transfinite recursive progressions of axiomatic theories*, Journal Symbolic Logic, **27** (1962), 259-316.

[3] K. Gödel, *On formally undecidable propositions of Principia mathematica and related systems I*, in "Kurt Gödel Collected Works, Volume I, Publications 1929-1936," Oxford University Press, New York, Clarendon Press, Oxford, 1986, 144-195, translated from *Über formal unentsceidebare Sätze der Principia mathematica und verwandter Systeme I*, Monatshefte für Mathematik und Physik, **38** (1931), 173-198.

[4] L. Henkin, *The completeness of the first-order functional calculus*, Journal Symbolic Logic, **14** (1949), 159–166.

[5] A. Heyting, Mathematische Grundlagenforschung. Intuitionismus. Beweistheorie. Ergebnisse der Mathematik und ihrer Grenzgebiete, **3**, 1934.

[6] Hilbert and Bernays, Grundlagen der Mathematik, Springer, vol. 1 1934, vol. 2 1939.

[7] H. Kitada, *A possible solution for the non-existence of time*, http://xxx.lanl.gov/abs/gr-qc/9910081, 1999.

[8] H. Kitada, *Inconsistent Universe — Physics as a metascience —*, (http://arXiv.org/abs/physics/0212092) (2002).

[9] H. Kitada, *Is mathematics consistent?*, (http://arXiv.org/abs/math.GM/0306007) (2003).

[10] H. Kitada, *Does Church-Kleene ordinal $\omega_1^{CK}$ exist?*, (http://arXiv.org/abs/math.GM/0307090) (2003).

[11] H. Kitada, Quantum Mechanics, Lectures in Mathematical Sciences, vol. 23, The University of Tokyo, 2005, ISSN 0919-8180, ISBN 1-000-01896-2. (http://arxiv.org/abs/quant-ph/0410061)

[12] S. C. Kleene, Introduction to Metamathematics, North-Holland Publishing Co. Amsterdam, P. Noordhoff N. V., Groningen, 1964.

[13] L. Löwenheim, *Über Möglichkeiten im Relativkallül*, Math. Ann. **76** (1915), 447-470.

[14] M. Insall, private communication, 2003, (an outline is found at: http://www.cs.nyu.edu/pipermail/fom/2003-June/006862.html).

[15] A. Robinson, Introduction to Model Theory and to the Metamathematics of Algebra, North-Holland Publishing Company, Amsterdam, 1965.

[16] H. Rogers Jr., Theory of Recursive Functions and Effective computability, McGraw-Hill, 1967.

[17] U. R. Schmerl, *Iterated reflection principles and the ω-rule*, Journal Symbolic Logic, **47** (1982), 721–733.

[18] T. Skolem, *Logisch-kombinatorische Untersunchungen über die Erfüllbarkeit oder Beweisbarkeit mathematischer Sätze nebst einen Theoreme über dichte Mengen*, Skrifter utgit av Videnskapsselskapet i Kristiana, I, Metematisk-natur-videnskabelig klasse 1919, no. 3.

[19] A. M. Turing, *Systems of logic based on ordinals*, Proc. London Math. Soc., ser. 2, **45** (1939), 161–228.

[20] H. Weyl, *Mathematics and logic. A brief survey serving as a preface to a review of "The Philosophy of Bertrand Russell"*, Amer. math. monthly, **53** (1946), 2-13.

[21] A.N. Whitehead, B. Russell, Principia Mathematica, Vol. 1-3, Cambridge Univ. Press, 1910-1913 and 1925-1927.

[22] 飯田 隆 編, リーディングス 数学の哲学 ゲーデル以降, 勁草書房, 1995.

[23] 飯田 隆 編, 哲学の歴史 11 論理・数学・言語, 中央公論社, 2007.

[24] 田中 一之 編, ゲーデルと 20 世紀の論理学 1 ゲーデルの 20 世紀, 東京大学出版会, 2006.

## 関連文献

[25] 田中 一之 編, 数学基礎論講義, 日本評論社, 1997.

[26] ケネス・キューネン, 集合論 — 独立性証明への案内, 日本評論社, 2008.

[27] 北田 均-小野俊彦, 理学を志す人のための数学入門, 現代数学社, 2006.

[28] 北田 均, フーリエ解析の話, 現代数学社, 2007.

# 索 引

## あ

一般化 (Generalization), 23, 60
一般的言語, 139
意味論的完全性 (semantic completeness), 1, 53

影響範囲, 24
$n$-値, 36
演繹可能, 26

$\omega$-整合的 ($\omega$-consistent), 134
$\omega$-矛盾 ($\omega$-inconsistent), 87

## か

解釈 (interpretation), 53
拡張述語論理, 84
拡張命題式, 45
拡張命題論理, 45, 46
括弧, 19, 58
完全 (complete), 43
カンマ, 19, 30, 58

帰納的 (inductive), 5, 20, 89, 105

クレタ人のパラドクス, 7, 139

形式主義 (formalism), 13, 18, 143
形式的自然数論 (formal number theory), 29
形式的体系 (formal system), 29
ゲーデル述語, 92, 129
ゲーデル数 (Gödel number), 90, 92, 96, 130
ゲーデル ナンバリング (Gödel numbering), 89, 95
ゲーデルの完全性定理, 75, 80, 87
ゲーデルの第一不完全性定理, 1
ゲーデルの第二不完全性定理, 1
ゲーデルの不完全性定理, 1, 100, 134

176  索引

ゲーデル文, 8
原始関数記号, 5, 19
原始記号, 19
原始個体記号, 6, 19
原始再帰的関数 (primitive recursive function), 106
原子式, 21
原始述語記号, 5, 19
原始論理記号, 5, 19, 30, 57

語 (word), 2
項 (term), 2, 20, 21
後者, 5
恒真式 (tautology), 35, 40, 64, 73
構造 (structure), 37, 74
項 $t$ は式 $A(x)$ の変数 $x$ に対し自由である, 24, 61
恒等写像, 40
公理, 22
語の形式的取り扱い, 2

さ

再帰性 (recursiveness), 107
再帰的 (recursive), 5, 20, 89, 105
再帰的関係, 110
再帰的関数 (recursive function), 105, 107, 109
再帰的述語, 110, 128
三段論法 (Modus ponens. Syllogism), 22, 31, 60

式 (well-formed formula, wff), 2, 21, 30
自己言及, 92, 138
自己言及的命題, 8
次数 (degree), 109
自然数の計算に関する公理, 25
自然数論, 53
集合論的述語論理, 73, 86
充足する, 39
自由変数 (free variable), 24
述語計算, 24, 61
述語計算の完全性, 71
述語変数, 58
述語論理, 24
述語論理の完全性, 75
述語論理の形式的体系, 57
述語論理の定理式, 73
述語論理の無矛盾性, 66, 69
証明, 26

証明可能, 26, 89, 128
証明の再帰性, 103
証明の数値的表現, 115
証明論 (proof theory), 18
真理集合, 139, 164
真理値 (truth value), 32, 63
真理値表, 32

推論規則, 22, 31
数学基礎論, 11, 18
数学的帰納法, 25, 50, 89, 126
数値項, 21
数値的に表現可能, 93, 115, 128, 130
数論的関数, 105
数論的全関数, 109
スコーレム (Skolem) のパラドクス, 83

整合性 (consistency), 35
整合的, 1
全関数 (total function), 108
選言 (disjunction), 112
全称量化子, 20

束縛変数 (bounded variable), 24

存在量化子, 20

た

第一不完全性定理, 18
対角化定理, 92
体系内で記述可能, 127
対象 (objects or individuals), 37
対称性, 138
対象変数記号, 58
対象領域, 37, 64
第二不完全性定理, 18, 136, 137
タルスキの定理, 139
単純整合的 (simply consistent), 134

超限無限回, 141
超数学 (metamathematics), 18
直接的帰結, 26
直観主義 (intuitionism), 13, 17
直観主義における無限, 51
直観主義の命題論理, 36

定理, 26

統語論的不完全性 (syntactic incompleteness), 1
特殊化 (Specialization), 23, 60

## な

2進自然数, 96
二値, 36

## は

排中律 (the law of the excluded middle), 73
反射性 (reflexivity), 138
反証可能 (refutable), 89, 128

不完全性定理, 102, 154
不動点定理, 92
部分関数 (partial function), 108
プリンキピア マテマティカ (Principia Mathematica), 3

閉包, 45
変数記号, 19

## ま

満たす (satisfy), 39
$\mu$-作用素, 109

無限構造, 63
無限対象領域, 73
無限領域での真理値解釈, 87
無矛盾 (consistent), 1, 35
無矛盾性, 35

命題計算, 23, 31, 60
命題変数, 30
命題論理, 29
命題論理の完全性, 47

モデル (model), 36, 53, 63, 74, 81

## や

有限構造, 63
有限の (finitary) 立場, 18, 141
有限の立場における述語論理, 73, 87

## ら

領域 $R$ において恒真, 64

レーヴェンハイム-スコーレ
　　　ム (Löwenheim-Skolem)
　　　の定理, 83
連言 (conjunction), 76

ロッサー文, 99, 129, 133
論理主義 (logicism), 15

著者紹介：

北田　均（きただ・ひとし）

1973 年　東京大学理学部数学科卒業
1979 年　理学博士
現　在　東京大学大学院数理科学研究科准教授
著　書　Quantum Mechanics 東京大学数理科学セミナリーノート 23,
　　　　友隣社, 2005
　　　　理学を志す人のための数学入門, 現代数学社, 2006
　　　　フーリエ解析の話, 現代数学社, 2007

双書⑥・大数学者の数学／ゲーデル
**不完全性発見への道**　2011 年 5 月 16 日　初版 1 刷発行

|  |  |
|---|---|
| 検印省略 | 著　者　　北田　均 |
|  | 発行者　　富田　淳 |
|  | 発行所　　株式会社　現代数学社 |
|  | 〒606-8425　京都市左京区鹿ヶ谷西寺ノ前町 1 |
|  | TEL&FAX 075 (751) 0727　振替 01010-8-11144 |
|  | http://www.gensu.co.jp/ |
| ⓒ Hitoshi Kitada, 2011 | 印刷・製本　　株式会社　合同印刷 |
| Printed in Japan |  |

ISBN 978-4-7687-0391-5　　落丁・乱丁はお取替え致します.